よくわかる 最新発酵の基本と仕組み

昔ながらの発酵から現代の発酵までを知る

齋藤 勝裕　著

秀和システム

はじめに

朝の味噌汁、塩引き鮭の一切れ、白菜の漬物、卵焼きの醤油、どれもが発酵食品です。微生物が発酵によって作ってくれた香り高いおいしい食品ばかりです。しかし、発酵食品を利用するのは日本人ばかりではありません。生ハム、ソーセージ、ヨーグルト、キムチ、ウスターソース……。発酵食品は世界中で愛用されているのです。

発酵というと、食品が目に浮かびますが、発酵を利用しているのは食品だけではありません。発酵というのは、目に見えない微生物の働きのうち、人間に役立つものにつけた名前です。役立たない働きは腐敗と呼ばれます。

発酵で生産される最も重要なものは抗生物質ではないでしょうか？　微生物が自分をほかの微生物から守るために分泌したこの化学薬品のおかげで、いったいどれだけの人々が病気の苦しみから救われ、死の縁から引き上げられたことでしょう？　そのうえ発酵は、人類の食糧問題までをも救ってくれそうです。つまり、石油をタンパク質に換えてくれるのです。

発酵はこのような生物・医学的な働きだけではありません。現代社会はエネルギーの上に成り立っています。しかしそのエネルギーは資源枯渇に面しています。これを救ってくれそうなのも発酵なのです。生ごみや糞尿を発酵すると天然ガスと同じメタンとなり、ある種の微生物は二酸化炭素を太陽光エネルギーによって石油に換えることが知られています。エネルギー問題の救世主です。

本書はこのような微生物の働き、発酵を多方面から多面的に取り上げ、楽しく、わかりやすく解説したものです。読んでいただき、微生物君たちに親しみを感じていただくことができたら、大変に嬉しいことと思います。

最後に本書を書くにあって参考にさせていただいた書籍の著者並びに出版社のみなさま方に篤くお礼申し上げます。

2021年4月

齋藤勝裕

よくわかる
最新発酵の基本と仕組み

CONTENTS

はじめに …… 3

第0章 発酵とは何だろう？

0-1 発酵食品に囲まれた生活 …… 10
0-2 発酵は微生物による恩恵 …… 12
0-3 発酵は食品だけではない …… 14
0-4 発酵と現代科学 …… 16
0-5 発酵とSDGs …… 19

第1章 発酵と腐敗

1-1 微生物とは？ …… 22
1-2 微生物の棲家 …… 24
1-3 発酵とは何だろう？ …… 27
1-4 発酵の種類 …… 29
1-5 腐敗って何だろう？ …… 32
1-6 食中毒 …… 34
1-7 毒素の種類 …… 36
1-8 食中毒を起こす細菌 …… 38
1-9 毒素の強弱 …… 41

第2章 微生物って何だろう？

2-1 微生物とウイルス……46
2-2 細胞と細胞膜……48
2-3 細胞膜の構造……50
2-4 細胞の構造……52
2-5 微生物の種類と構造……54
2-6 カビの性質と害……56
2-7 カビの種類と特徴……58
2-8 酵母……60
2-9 麹……62
2-10 乳酸菌……64
2-11 乳酸菌の種類……66

第3章 植物性食品と発酵

3-1 単糖類の種類と構造……70
3-2 デンプンとセルロース……72
3-3 アルコール発酵……74
3-4 乳酸発酵……76
3-5 日本の植物性発酵食品……78
3-6 世界の植物性発酵食品……80
3-7 発酵調味料……82
3-8 発酵嗜好品……84

第4章 動物性食品と発酵

4-1 タンパク質とアミノ酸……88
4-2 タンパク質の構造：ポリペプチド……90
4-3 タンパク質の高次立体構造……92

4-4　油脂の構造…………………………………………… 94
4-5　発酵魚介類食品…………………………………… 96
4-6　特殊な発酵魚介類食品 ………………………… 98
4-7　発酵獣肉製品……………………………………100
4-8　発酵乳製品：ヨーグルト………………………102
4-9　発酵乳製品：クリーム、バター、チーズ……104

第5章　醸造と発酵

5-1　お酒とは……………………………………………108
5-2　ワインと発酵………………………………………110
5-3　ビールと発酵………………………………………112
5-4　日本酒と発酵………………………………………114
5-5　特殊な醸造酒………………………………………116
5-6　蒸留酒 ……………………………………………118
5-7　特殊な蒸留酒………………………………………120
5-8　リキュール…………………………………………122
5-9　酢……………………………………………………124

第6章　発酵と健康

6-1　微生物（大腸菌）と人間の関係…………………128
6-2　腸内フローラ ……………………………………130
6-3　人の成長と腸内細菌 ……………………………132
6-4　発酵と腸内環境……………………………………134
6-5　発酵と免疫力………………………………………136
6-6　発酵食品と健康……………………………………138
6-7　発酵食品の健康機能 ……………………………140
6-8　発酵と疾病…………………………………………142

第7章 発酵の生化学

7-1　発酵と代謝……146
7-2　発酵とエネルギー……148
7-3　ATP生産……150
7-4　発酵と酵素……152
7-5　酵素の働きと性質……154
7-6　微生物の品種改良……156
7-7　微生物と遺伝子工学……158

第8章 発酵と薬学

8-1　発酵法の利点……162
8-2　発酵と常用医薬品……164
8-3　発酵と抗生物質……166
8-4　発酵とバイオ医薬品……168
8-5　発酵とワクチン……170
8-6　ワクチンの製造法……172
8-7　発酵と漢方薬……174
8-8　発酵と化粧品……176

第9章 発酵と産業

9-1　染色と発酵……180
9-2　塗料と発酵……182
9-3　紙と発酵……184
9-4　繊維と発酵……186
9-5　陶磁器と発酵……188
9-6　建築と発酵……190

第10章 発酵と現代科学

10-1　発酵によるエタノール生産……194
10-2　発酵による気体燃料生産……196
10-3　発酵による石油生産……198
10-4　発酵によるタンパク質生産……200
10-5　発酵による熱生産……202
10-6　発酵によるプラスチック生産……204
10-7　発酵による砂漠の緑化……206

参考文献……209
索引……210

第0章

発酵とは何だろう？

発酵は、ヨーグルト、生ハム、味噌、醤油などの調味料、あるいはお酒を作る手段として、私たちの日常生活に欠かせないものです。しかし発酵の実力はそれだけではありません。医薬品の製造、染料、繊維、陶磁器の製造、さらに石油、天然ガスの製造にまで及んでいるのです。

0-1

発酵食品に囲まれた生活

最近、卵かけご飯が流行っているようです。みなさんのなかにも朝ご飯などに召し上がっている方も多いのではないでしょうか？　私もよく利用していますが卵かけご飯は手軽なわりにおいしく、栄養も豊富であり、優れた食事といえるでしょう。

朝食と発酵

しかし、いくら卵かけご飯といっても熱いご飯に生卵だけかけて召し上がる方はいないでしょう。例外を除けばほとんどかならず生卵には醤油がかかっているでしょう。そして食事には野菜の漬物、お味噌汁、あるいは魚の干物の一切れが加わっているかもしれません（図1）。

この醤油、これこそは日本が世界に誇る**発酵食品**だということは多くの方がご存じでしょう。それは味噌汁の味噌も同様です。漬物はウッカリしがちですが、これは決して白菜やキュウリなど野菜と塩を混ぜただけのものではありません。それでは野菜の塩和えです。漬物は野菜と塩の混合物を発酵させたもので、立派な発酵食品なのです。野菜の塩和えではあの微妙な酸味や旨み、香りを醸しだすことはできません。

魚の干物も、魚を開いて乾燥させただけのものではありません。魚を開き、軽く塩を振って日光と風にさらして乾燥する間に発酵し、あの干物独特の旨みと香りが生まれてくるのです。

欧米食品と発酵

朝食はトーストとバターと決めている方も多いでしょう。パンは小麦粉を水で練ってパン種にしたあと、高温で焼いて作りますが、焼く前にかならずパン種を数時間寝かせます。この間にパン種の内部に気泡ができ、パン特有の発泡構造ができます。これは発酵によって二酸化炭素が発生したせいなのです。つまり、発酵がなければパンはできないのです。

それはバターも同様です。日本のバターは4-9に見る特殊事情によって無発酵バターという特殊なバターですが、欧米でバターといえば普通は発酵バターです。日本でも最近は発酵バターが現れたようです。ヨーグルトはもとより、生ハムもチーズも発酵製品であることはご存じのとおりです（図2）。

図１　和の朝食と発酵食品

図２　洋食と発酵食品

0-2

発酵は微生物による恩恵

発酵とはどのようにして起こるのでしょう？　発酵は食品などの物質に細菌が寄生して起こす現象です。食品に細菌が寄生するというと、青カビ、黒カビ、白カビなどの気持ち悪い様子、あるいは腐敗して悪臭を放つ食品を思いだすかもしれません。

発酵と腐敗

確かに、カビも腐敗も**細菌**の寄生によって起こる食品の変質です。しかし、細菌は食品を腐敗させてマズく、有毒に変えるものだけではありません。細菌のなかには食品をおいしく、香り高く、消化しやすく変質させる、つまり、食品の品質を高めるものがあります。

このように、細菌の所業のうち、人間に都合の良いものだけを**発酵**といいます。そして人間に都合の悪い所業を**腐敗**というのです（図3）。細菌としては、生まれたときに神様に言いつけられたとおりのことを、真面目に一生懸命にやっているだけなのですが、人間の都合によって発酵と腐敗に峻別されるのですから、「いいかげんにしてくれ」といいたくなるでしょう。その気持ちはわかりますが、文句は神様にいってもらうことにして、人間サイドとしてはこのように分けることを許してもらう以外ありません。

ウイルスと発酵

最近、新型コロナウイルスが活躍して人間世界は大変な迷惑をこうむっています。**ウイルス**は発酵や腐敗を行わないのでしょうか？

結論をいえば、ウイルスは発酵も腐敗も行いません。その理由は、「ウイルスは生物ではない」から、ということです。第2章で詳しく見ることにしますが、ウイルスは生命をもった生命体ではありません。極端にいってしまえば、埃やごみと同じ物質なのです。ただ、極端に小さく、その直径は細菌の数十分の一です（図4）。ですから、細菌だったら通り抜けられないガーゼのマスクをいとも簡単に通り抜けてしまいます。

生物でないウイルスは、人間のような生物に寄生しないと増殖できません。つまり、物質である食品に作用して変質させることはできないのです。したがって発酵させることはもちろん、腐敗させることもできません。

図3　発酵と腐敗の違い

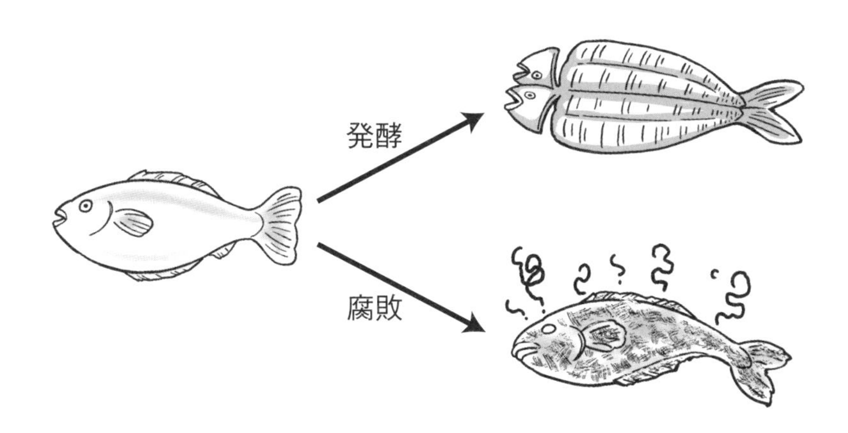

図4　ウイルスと細菌の違い

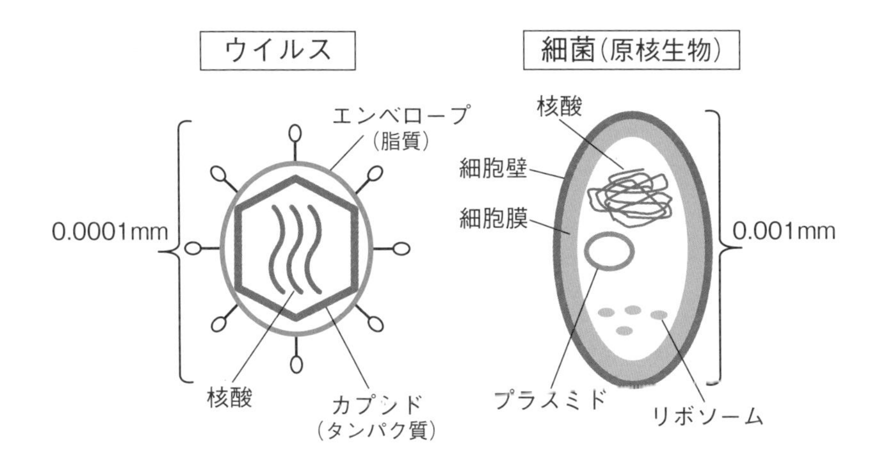

0-3

発酵は食品だけではない

発酵というと味噌・醤油などの調味料、ヨーグルト・ブルーチーズのようなカビつきチーズ、あるいは日本酒・ワインなどの醸造品を思いだします。しかし、発酵を利用するのは食品や飲用品だけではありません。

産業と発酵

食品や飲用品を盛りつけるのは皿であり、お椀であり、カップ類です。皿やお椀の多くは磁器や陶器の焼き物です。焼き物は粘土を水で練って成形したものを高温で

図5　陶磁器での発酵の利用

約1年ほど寝かせた陶芸用の土
写真提供：陶芸家 清水裕幸氏
https://tondengama.thebase.in/

焼いて作ります。この粘土も、焼く前に水を加えて練って寝かせます。

日本の器物の作製にはよく「寝かせる」という操作が入ります（図5）。練って寝かせない粘土で陶器を作ったら、陶器は焼くことによって変形し、ひび割れを起こして水漏れを起こすことになるでしょう。寝かせることによって原料が変化して成形しやすくなり、できた製品がより良くなるのです。

紙や繊維製品も同様です。紙に梳く前に、糸に紡ぐ前に、原料を水に漬けて放置します（図6）。この間に原料が発酵してより優れた原料に変化するのです。

このように、私たちの日常生活は発酵によって彩られているのです。発酵は決して味噌、醤油、日本酒などという日本古来の伝統食品にかぎりません。私たちが日常的に利用する多くのものに発酵が活用されているのです。

図6　繊維製品での発酵の利用

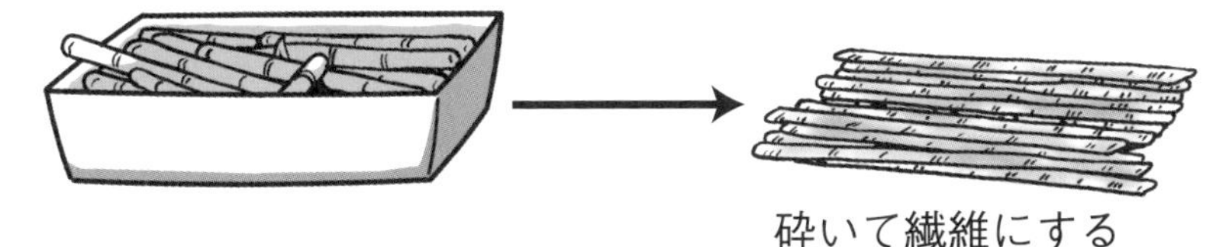

1年近くかけて発酵させて叩いた竹の繊維
写真提供：つぎはぎ
https://tsugihagi.info/

0-4 発酵と現代科学

発酵に関連した産業というと一般には味噌・醤油・お酒の醸造業、チーズ・バター・ヨーグルトの酪農業、あるいは堆肥・培養土の農業などを思いだす方が多いことでしょう。

しかし、発酵が関係する産業はそれだけではありません。先に見た陶磁器産業、繊維産業、あるいは染色産業なども発酵と切っても切れない関係にあります。

食品・医薬品

それだけではありません。現在、多くの物質が細菌を利用した発酵によって作られています。**味の素**（化学的にはグルタミン酸ナトリウム）にはL型とD型という2種類があります。そのうち、旨みのもととなるのはL型だけであり、D型には旨みはありません。

味の素は、そもそもは天然コンブからの抽出によって作っていました。このように天然で生物によって作られた味の素はL型だけです。しかしそれだけでは需要を賄いきれなくなり、化学合成によって作るようになりました。

ところがあとに見るように化学合成で作った味の素は、L型とD型の1：1混合物であり、したがってその重量の半分が「味のない味の素」であったのです（図7）。しかし現在はサトウキビの搾りかすを発酵させることによって生物を用いて作っています。そのため、天然昆布から得たものと同様にL型100%となっています。

現代医学に欠かせない治療薬、ペニシリンやストレプトマイシンで有名な**抗生物質**は、細菌が分泌する物質で、「ほかの細菌の生存や増殖を阻害するもの」です。まさしく発酵によって作られたものということができるでしょう。

エネルギー

現代社会はエネルギーの上に成り立っています。エネルギーにはいろいろな種類があり、それぞれ長所と短所があります。天然ガス、石油、石炭などの化石燃料は歴史があり、特に天然ガス、石油は使い勝手が良いことから、温室効果ガスである二酸化炭素を発生するという短所がわかったうえでも使い続けられています。

図7　食品での発酵の利用

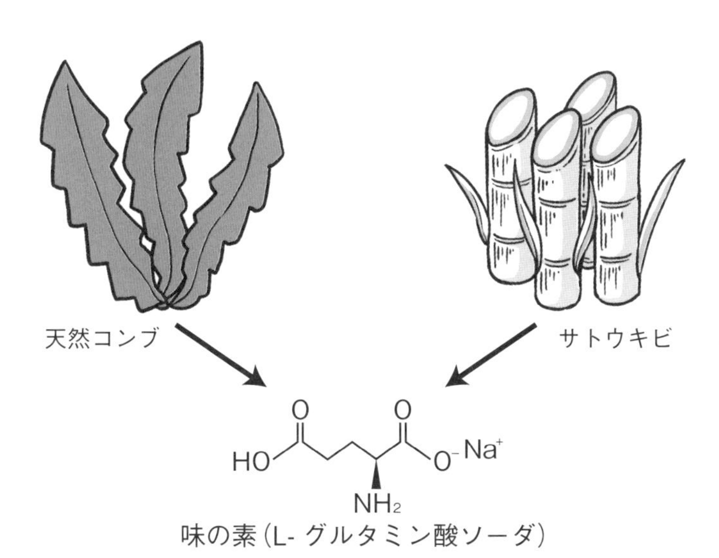

人工合成

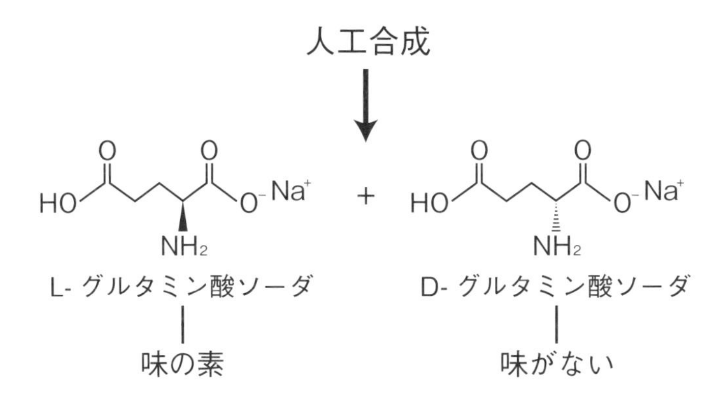

しかし、これらは化石燃料の宿命である資源枯渇を避けることはできなく、いつかは枯渇するものと思われています。それに代わって現れたのが、これら化石燃料の人為的作成です。

特に天然ガスの主成分である**メタンガス**は作成が容易です（図8）。糞尿を含めたあらゆる種類の生ごみを適当な容器に入れて発酵させればメタンガスが発生するのです。防臭を工夫すればマンションのベランダででも発生が可能です。

また、ある種の細菌は二酸化炭素を太陽光エネルギーを利用して石油に換えることがわかっています。すでにテストプラントは完成し、蒸留などの精製をしなくても内燃機関の燃料として使用可能な上質の石油が生成することがわかっています。そのうち日本は工業石油の輸出国になるかもしれません。

図8　牧場でのメタンガスの作成

牛の後ろに見えるのが、糞を農場で処理し、バイオガスを生成するための装置

0-5

発酵とSDGs

最近SDGs（エスディージーズ）という言葉がメディアをにぎわしています。これはサステナブル・デベロップメント・ゴールズ（持続可能な発展目標）の略であり、一時的な発展ではなく、将来にわたって持続可能な世界人類の発展のための目標というような意味です。

SDGsの目標

SDGsは2015年の国連総会において採択された世界的な努力目標で、あらゆる国の政府、公共機関はもとより、民間企業もこの目標の達成のために努力するように要請されています（図9）。

図9　SDGsと発酵

SUSTAINABLE DEVELOPMENT GOALS

SDGsの17の
持続可能な開発目標

「ゴールズ」といわれるように、SDGsは具体的な目標の羅列集です。その目標は全部で17個の**グローバル目標（大目標）**があり、それぞれのグローバル目標に約10個ずつの「達成基準」がついていますから、総数**169個の達成基準**からなる一大達成基準集ということができるでしょう。

グローバル目標は以下のとおりで、

1. 貧困をなくそう
2. 飢餓をゼロに
3. すべての人に健康と福祉を
4. 質の高い教育をみんなに
5. ジェンダー平等を実現しよう
6. 安全な水とトイレを世界中に
7. エネルギーをみんなにそしてクリーンに
8. 働きがいも経済成長も
9. 産業と技術革新の基盤をつくろう
10. 人や国の不平等をなくそう
11. 住み続けられるまちづくりを
12. つくる責任つかう責任
13. 気候変動に具体的な対策を
14. 海の豊かさを守ろう
15. 陸の豊かさも守ろう
16. 平和と公正をすべての人に
17. パートナーシップで目標を達成しよう

発酵もこれらの目標に寄与することができると思われます。今後は発酵も、国内産業、あるいは食品産業だけに的を絞るのではなく、広く世界的に、全人類、全地球の将来に資するようにがんばることが求められることになるでしょう。そして、発酵にはそれに応えるだけの十分な能力が備わっているのです。

第1章

発酵と腐敗

私たちは微生物に囲まれ、微生物とともに暮らしています。微生物は私たちの食品に作用して変質させます。その結果、食品の質が改良されたらその微生物作用は発酵、改悪されたら腐敗と呼ばれます。つまり人間に好都合なら発酵、不都合だったら腐敗となるのです。

1-1

微生物とは？

微生物とは何でしょう？　微生物とはその名前のとおり生物です。しかし、この「生物」という意味が実は大きな意味をもつのですが、それに関しての細かい話は次章でユックリ見ることにしましょう。

微生物も生き物

言うまでもなく「生物」は生き物です。生き物といわれて第一に思い浮かべるものはわれら人類同胞でしょう。次に大切なペットのネコ君、イヌ君、あるいは動物園の面々たち、あるいは競馬場でオトウサンたちの夢を背負って走るオウマサンかもしれません。

しかしこれらは「生物」であって**微生物**ではありません。微生物というのは正しく「微」生物なのです。そして微生物は微小な生物という意味です。

微生物は極小の生命体

つまり、微生物というのは「微小」な生物という意味なのです。それでは微小というのはどの程度の大きさなのでしょうか？　実はひと口に微生物といっても、大きさにはいろいろあります。哺乳類にも小さいハムスターや巨大なゾウがいるのと同じことです。大きな微生物には例えば**青カビ**がいます。青カビ１個の大きさは７×４μｍ（マイクロメートル）です。

マイクロメートルという単位は微小な物質を相手にする場合にはかならずでてくる単位ですが、日常的に扱う単位ではありません。確認しておきましょう。メートル法の単位は千倍、逆にいえば千分の一ごとに名前が変わります。

長さの場合は1m（メートル）が基本単位です。その千分の一が1mm（ミリメートル）です。そして1mmの千分の一が１μメートルなのです。「マイクロメートル」は舌をかみそうなので「ミクロン」といわれることもあります。

大腸菌は2×0.5μｍです。長さ2μｍ、幅0.5μｍつまり、1mmの半分ということです。0.5μｍなら、目の（識別力）良い方なら見分けることができるかもしれません。

青カビと大腸菌の大きさを表と比較模式図で示しました（図1）。数字で見るより大きな違いがあることに気づかれるのでないでしょうか？

実は、微生物ではないのでここでだすのはいけないのですが、大きさのわかりやすい比較として**インフルエンザウイルス**の大きさを示します。この大きさは0.1×0.1μmです。長さも幅も1mmの1万分の1です。青カビ君とは正しく像とハムスターほどの違いがあります。

図1　微生物の種類と大きさ

名前	種類	大きさ（約）
青カビ	菌類（真核生物）	7×4μm（髪の毛の100分の1）
大腸菌	細菌（原核生物）	2×0.5μm
インフルエンザ	ウイルス	0.1×0.1μm

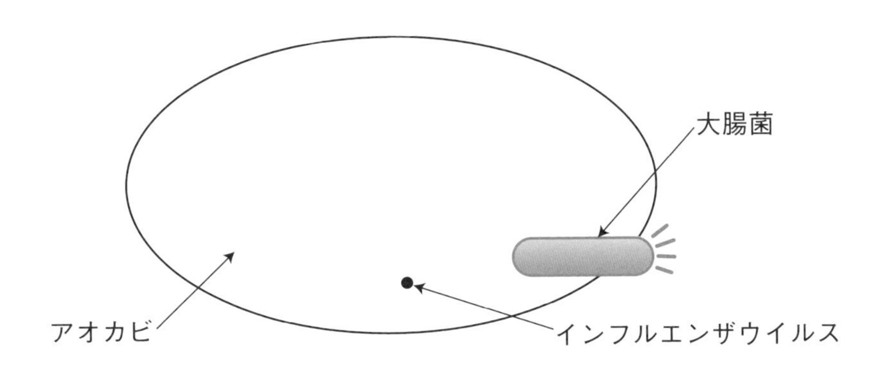

＜各微生物の電子顕微鏡写真＞

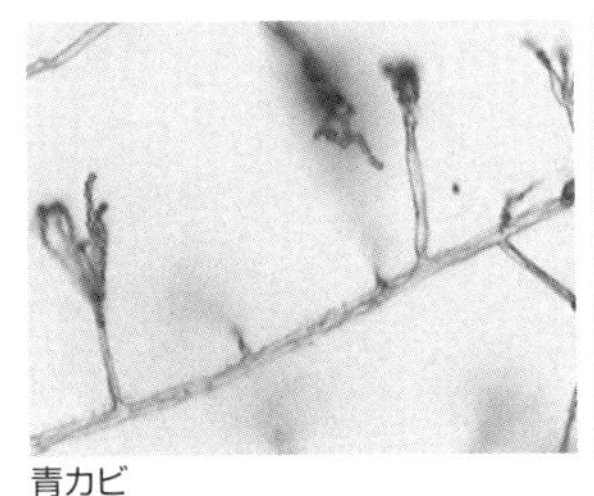

青カビ

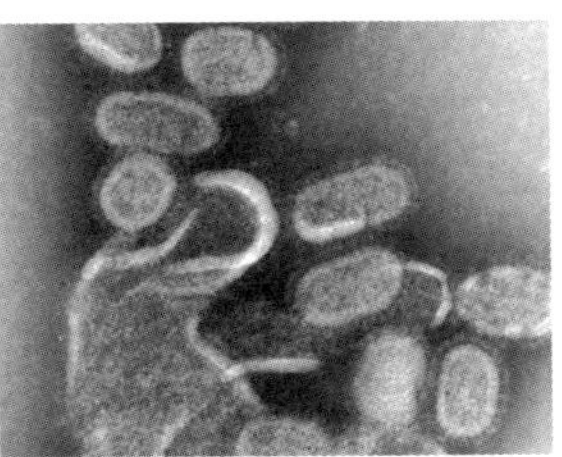

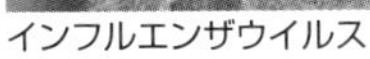

インフルエンザウイルス

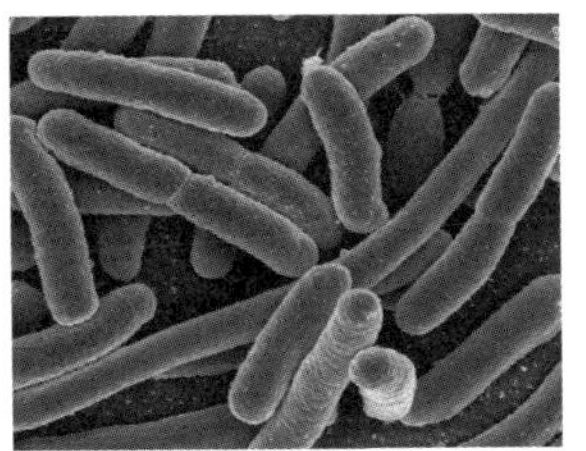

大腸菌

出典：Wikipedia

1-2

微生物の棲家

微生物の多くは目で見ることのできないほど小さいものです。虫眼鏡で見ることも無理で、光学顕微鏡の助けを借りないと見分けることは無理です。

このように小さな生物ですから、どこにいても人間には意識できません。それでは微生物はどこにいるのでしょう。あらゆるところにいます。いないところはないといっても過言ではないでしょう。空気中はもちろん、地中、水中、海水中、温泉中、どこにでもいます。

微生物、細菌のいない空間、つまり無菌状態は特別の研究室か病院の一角に特別に設けられているだけです。

高温と微生物

生物の体には**タンパク質**が含まれています。タンパク質は複雑な立体構造を有しており、それはデリケートで壊れやすいものです。高熱はもとより、酸やアルカリ、あるいはエタノールなどによっても破壊され、タンパク質としての機能を失ってしまいます。タンパク質の機能を失った生物は酵素を失ったことになりますから命を失ってしまいます。

このようなことで、生命体は高温下では生存できないものと思われていました。しかし1969年、静岡県賀茂郡の峰温泉で76℃の高温水の中で生きている微生物が発見され、それが最高温度とされていました（図2）。ところが1970年頃に海底に350℃もの高温の水が噴きでる熱水源が見つかり、その周辺に多くの生物が棲んでいることが発見されたことから、高温で生きる微生物（**高度好熱菌**）が次々と発見されました。その結果、現在では最適飼育温度106～107℃、121℃でも増殖可能というスーパー微生物も発見されています。

一方、低温下ではすべての生物の活動度が鈍くなります。微生物の場合も同じであり、低温菌といわれる種類でも最適飼育温度は5～6℃程度までであり、温度が低くなるほど活動が活発になるという菌は知られていません。現在のところ最低増殖温度は－34℃が記録とされています。

宇宙と微生物

それでは宇宙空間にも微生物は存在できるのでしょうか？　これは大きな問題をはらむ問題です。というのは、現在の人工衛星などが飛行する宇宙空間は地球とほかの天体の接合点になるからです。もしかしてそのような人工衛星が窓の外に微生物を見たとしたら、それはほかの天体から飛来したエイリアンかもしれません。

現在のところ、ロシアの宇宙船が船体に付着する微生物を見たとの報告があるようですが、どうも地球から付着してきた地球由来の微生物であったようです。それにしても、微生物は宇宙空間で３年間は生存できるという知見もあるようですから、微生物はかなり丈夫ということができるでしょう（図３）。

図２　高度好熱菌

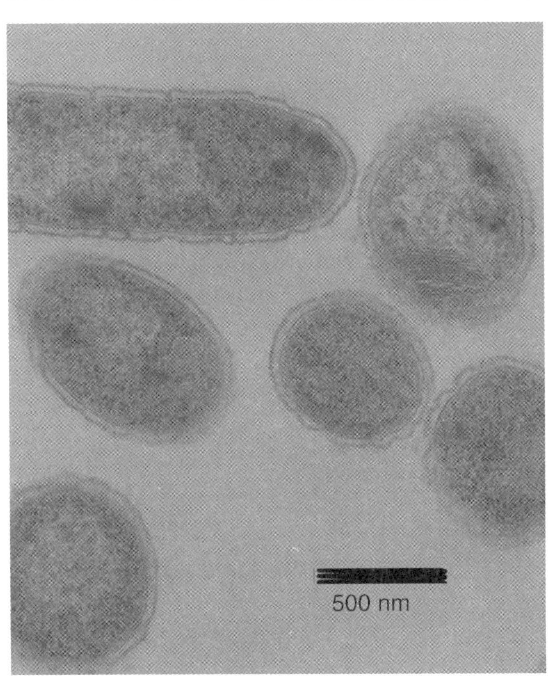

峰温泉名物、大噴湯

伊豆の峰温泉から発見・単離された Thermus thermophilus HB8の電子顕微鏡写真

写真提供：倉光成紀 大阪大学名誉教授
http://www.thermus.org/

生物と微生物

このような微生物ですから、ほかの生物の体を棲家とするのは当然のことです。植物動物を問わず、私たちの体のいたるところにも多種類、多数の微生物が同居しています。私たちの体は微生物のための巨大マンションのようなものです。いや、小型地球のようなものといってもよいでしょう。

私たちの体には100兆個の微生物が同居しているといいます。地球に棲んでいる人類はいまだ80億に過ぎませんから、微生物にとってみれば私たちの体は地球以上のものということができるでしょう。

体の表面はもとより、胃や腸などのいわゆる消化器は、微生物が満員状態です。生まれてきたばかりの赤ちゃんは微生物フリーの無菌状態といわれますが、それも子宮から顔をだすまでであり、産道にでたとたん、そこで待ちかまえていた微生物に襲われ、微生物まみれになっているはずです。

図3 微生物の棲家

1-3

発酵とは何だろう？

微生物はその名前のとおり生物です。生物であるかぎり、生命を維持しなければならず、そのためには適当な栄養素を摂取してそれを原料に生化学反応を行ってエネルギーを生産しなければなりません。

微生物の化学反応

化学反応はいろいろありますが、エネルギーだけを生産する反応はありません。かならずエネルギー生産とともに物質変化をともないます。最も簡単で大量のエネルギーを生産する炭素の燃焼だって二酸化炭素という物質を生産します。

微生物も栄養素を代謝してエネルギーを得る過程でかならず栄養素が化学変化した物質を生産します。このような物質の主なものは老廃物ですがそれだけではありません。生物である微生物には、人間の場合と同じように味方もあれば敵もあります。味方には塩を送らなければならず、敵には一矢報いなければなりません。

微生物が分泌するもの

人間にとって問題になるのは微生物が代謝の結果、分泌する物質です。それが人間にとって役立つ物資であれば嬉しいのですが、役立たない場合は、微生物はただの厄介者にすぎません。役立たないだけならまだよいのですが、もしかして有害な毒物だったりしたら大変なことになります。

とはいうものの、微生物に脳はなく、考える力などあるはずはないのですから、微生物もわざと人間を困らせようとして有毒成分を分泌するはずはありません。彼らは彼らなりに神様の指示どおりに生きて指示どおりの分泌物をだしているにすぎません。それが役に立つかどうかは人間サイドの勝手であり、彼らには関係のない話です。

発酵と腐敗

ということで、微生物の活動あるいはその結果の分泌物が人間にとって好ましいものか困ったものかは、人間だけの問題なのです。ということを重々承知したうえで、人間は好ましい活動を**発酵**、好ましくない活動を**腐敗**として峻別するのです（図4）。

つまり発酵と腐敗の間に本質的な違いは何もありません。微生物の働いた結果が人間に都合がよければ発酵と呼ばれ、都合が悪ければ腐敗と呼ばれるだけなのです。

図4 人間の立場から見た発酵と腐敗の違い

1-4

発酵の種類

微生物の種類は何千種類もあり、それぞれが固有の働きをしているのですから、分泌物の種類もたくさんあります。そのうち役に立つものの種類もまたたくさんあることになります。ということは、発酵の種類もまたたくさんあることになります。

アルコール発酵

アルコール発酵は、グルコース（ブドウ糖）、フルクトース（果糖）、ショ糖（砂糖）などの糖を分解して、アルコール（エタノール）CH_3CH_2OHと二酸化炭素CO_2を生成し、エネルギーを得る微生物活動のことをいいます（図5、6）。

この反応は酸素を必要としない嫌気的反応であり、アルコール発酵をする微生物の典型である**酵母**は、酸素がないところで糖をアルコールに変換します。アルコール発酵の応用範囲は、アルコール生産の面からは飲料としてのお酒の作製（醸造）

図5　ビール製造中のアルコール発酵

や燃料としてのエタノール（バイオエタノール）の大量生産、また二酸化炭素の発生を利用してパンの発酵など多岐にわたる食品の生産に利用されます。

酵母は自然界では糖分の多い環境に生息し、果実の皮などにも付着しています。そのため、果実をつぶして容器に入れて置けば、自然にアルコール発酵が進む場合が多いです。しかし日本酒などのようにデンプンを原料とする場合には、まずデンプンに麹菌を働かせて分解し、単糖類のグルコースにする必要があります。

乳酸発酵

乳酸発酵は、酸素の存在しない状態あるいは動物細胞で起こる嫌気性発酵の一種です。乳酸発酵を通じて、グルコース$C_6H_{12}O_6$は最終的に乳酸$CH_3CH(OH)COOH$になります。漬物、チーズ、ハムなど多くの食品製造に使われる人間にとって非常に大切な発酵形式です。

乳酸発酵が起こると系が乳酸によって酸性になるため、ほかの雑菌が死滅するので、系の殺菌の目的で使われることもあります。日本酒の作成過程にも乳酸菌が使われています。

メタン発酵

メタン発酵は、メタン菌の有する代謝系の1つであり、水素、ギ酸$HCOOH$、酢酸CH_3COOHなどの電子を用いて二酸化炭素CO_2をメタンCH_4まで還元する系です。メタン菌以外の生物はこの代謝系をもっていません。嫌気環境における有機物分解の最終段階の代謝系であり、特異な酵素および補酵素群を有することが知られています。

メタン菌にはいくつかの種があり、それぞれ以下のような基質からメタン生成することができます。水素と二酸化炭素、ギ酸、酢酸、メタノールCH_3OH、メチルアミンCH_3NH_2、ジメチルスルフィドCH_3SCH_3、一酸化炭素。このため生ごみなどからバイオ燃料のメタンを得る反応として重要視されています。

酢酸発酵

酢酸発酵は、酢酸菌の作用によりエチルアルコールが酸化されて中間生成物のアセトアルデヒドCH_3CHOを経て酢酸を生じる反応です。一部の微生物は嫌気的にほかの物質から酢酸を生じさせますが、こういったアルコール以外のものから酢酸を生成する発酵は普通、酢酸発酵とは呼ばれません。古くから食酢を作るときに用いられてきた反応ですが、その原理が判明したのは1863年にパスツールによって酢酸菌が発見されてからのことです。なお天然の酢酸菌は酵母類をともなった状態で果実など糖やアルコールに富む食品中に存在します。

図6　発酵の種類と違い

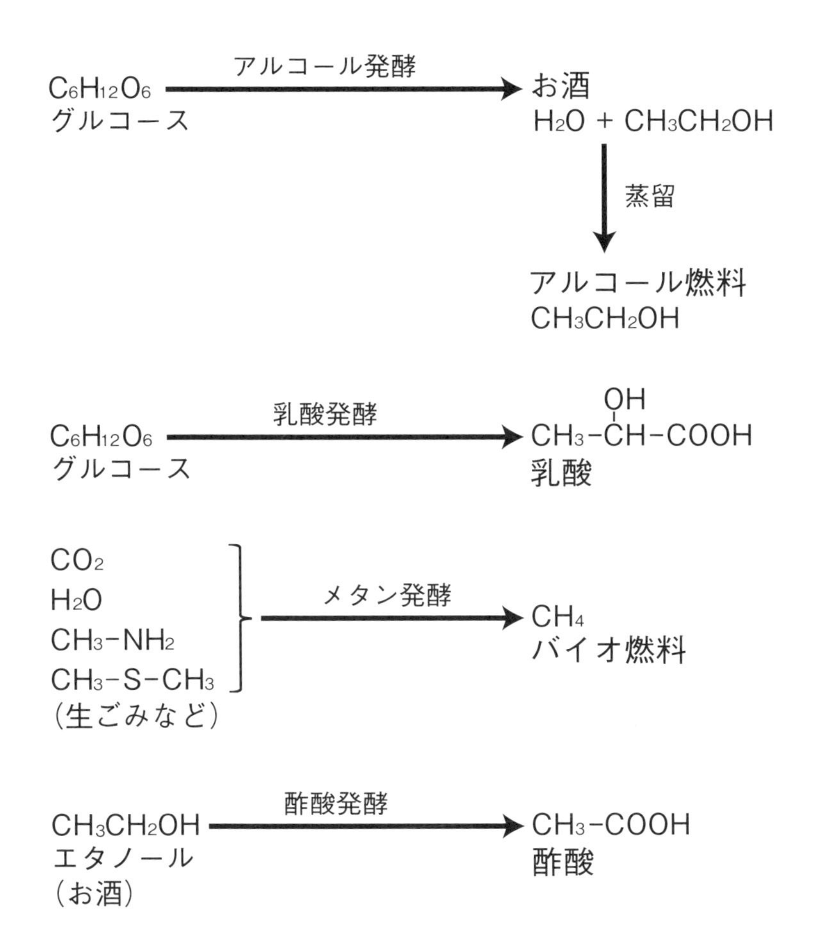

1-5

腐敗って何だろう？

微生物といえど生物に変わりはありません。食物を摂らなければ生存できません。微生物が食物を摂っていることがわかりやすい状態、それがカビといえるでしょう。

カビ

食品に生える青、黄、黒、白色などの細い糸状の**カビ**は見るからに気持ちの悪いものです。カビはキノコ、酵母とともに**真菌類**と呼ばれ、原生生物に含まれます。カビの種類や構造については次章で詳しく見ることにしますが、カビという呼び名は俗称で、一般的には不完全菌類、子嚢菌類そして担子菌類の一部と酵母の一部のうち、食品などの上で増えて肉眼で見えるようになる種類のものをいいます。

カビのなかにはカマンベールチーズなどに生える**白カビ**、ブルーチーズに生える**青カビ**などのように独特の風味をもったものもありますが、多くは食品の風味や口あたりを損ない、食品を台無しにしてしまいます。なかにはピーナッツバターや穀物に生える黄色のカビのようにアフラトキシンという強い発がん性をともなった毒素を分泌するものもあるので注意が必要です。

しかしカビにとっても生存競争があります。生存競争に勝つためには相手の微生物を排除するための物質を生産する必要があります。このようなものの典型がペニシリンやストレプトマイシンのような**抗生物質**です。これはカビなどの微生物がほかの微生物の生存を脅かすために生産した武器なのです。人間がそれを横取りして薬剤として利用したものといえるでしょう。

腐敗

人類と微生物のかかわりといえば、何をさておいてもでてくるのは「カビ」と「腐敗」でしょう（図7)。正月の餅の残りに生える黄色や青色の忌まわしいカビ、お母さんが食べきれなかった餅を水に漬けて水餅にしたり、薄く切ってかき餅にしたりと工夫していたのを覚えておられる方も多いのではないでしょうか？

しかしカビより始末に負えなかったのは「腐敗」ではなかったでしょうか？　夕飯に食べ残したおかずを翌朝に食べようと、冷蔵庫がない昔、台所の涼しいところにしまっておいたものが、翌朝になると腐っているのです。お母さんがその臭いを嗅いで「これはダメだわ！」といった声を覚えています。あるいはオバーチャンがでてきて、箸でひとつまみ舐めてみて、「これはダメだよ！」などといっていたものです。

お母さんにしろ、オバーチャンにしろ「ダメだよ！」といったのは、その食品は腐敗してしまっていて、食べることはできない、食べたら腹痛や下痢を起こして健康を害する、ということを意味したものだったのです。

1970年ごろまで、食中毒は梅雨時から夏にかけての風物詩のようなものでした。毎日のようにあちこちの飲食店で食中毒が起き、保健所の検査が入って「営業停止 XX日間」などの罰則がくだされたものです。しかし本当に怖いのは赤痢や疫痢という伝染性の胃腸病でした。これが起こると、その周辺は、昔の石炭酸、今でいうフェノールを散布しての殺菌消毒の対象地域になります。当時の大学寄宿舎によっては恒例のように毎年赤痢を発症し、「またあそこか！」などとひんしゅくをかったものでした。

図7　カビと腐敗

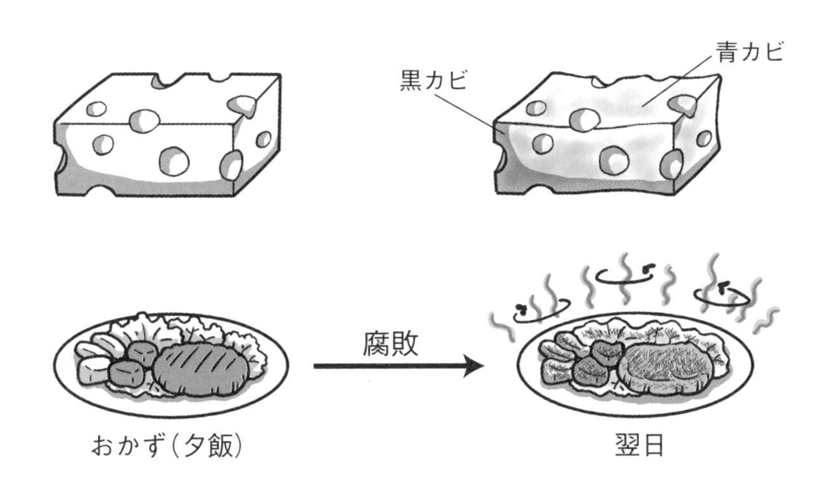

1-6

食中毒

保存がよくなかった食品を食べて起こる病気は食中毒です。中毒は「中国語」由来であり、「中」は毒が原因になったという意味といいます。食中毒は正しく前日まで食品だった物品がわずか数時間のうちに毒物に変化したのであり、まさしく毒に当たったという以外、表現の仕様がありません。

食中毒の原因

食中毒が起こるのには原因があります。その原因になるのは微生物です。しかし、微生物が原因といっても漠然として捕えどころがありません。微生物そのものが原因なのか、微生物の分泌する何かの化学物質が原因なのでしょうか？　もしかしたら、黄色や青のカビが繁茂していたのかとその様子を想像することによって気分が悪くなったのかもしれません。人それぞれです。

実際に調べてみると、原因はいろいろあることがわかりました。最も基本的なことは、それまで腐敗として忌み嫌われていた現象も、反対に発酵として喜ばれていた現象も、どちらも同じように微生物の活動によって起こる現象だということだったのです。

微生物が食品に寄生して活動すれば、なにがしかの化学反応廃棄物が発生します。その廃棄物が人間にとって悪臭、マズいなど不愉快なものであればそれは「腐敗」、反対にアルコール、乳酸など、おいしく、香味豊かなものである場合にはそれを「発酵」と呼んでいるにすぎない、ということでした。

つまり、大切な食品をマズくて毒性のあるものに換える原因も、反対にお酒、ヨーグルト、発酵チーズ、発酵バターのように風味豊かな食品に換えてくれるのも同じような微生物の働きによるものだったのです。つまり、食品に対する微生物の働きのうち、人間にとって都合の良いものを「発酵」、都合の悪いものを「腐敗」と呼んでいるにすぎなかったのです。

腐敗と食中毒

一般に食品が腐敗すると、その食品1gあたり1000万〜1億個程度の微生物が繁殖しているといわれます。しかし、これほど多くの微生物が寄生していても、これを食べて実際に下痢、嘔吐などの症状が起こることは通常はないといわれます。人間は結構丈夫にできているのです。

一般に腐敗によって有毒成分が発生するのはタンパク質を多く含む食品のほうが多いようです。タンパク質が分解するとアミノ酸になります。先に見たようにアミノ酸は窒素原子Nを含むアミノ基NH_2を含み、アミノ基は微生物によって分解されるとアンモニアNH_3となります（図8）。

またアミノ酸のなかにはシステインのようにイオウSを含むものもあり、これは分解されると硫化水素H_2Sという、温泉臭のある有毒物質となります。

図8　腐敗と食中毒

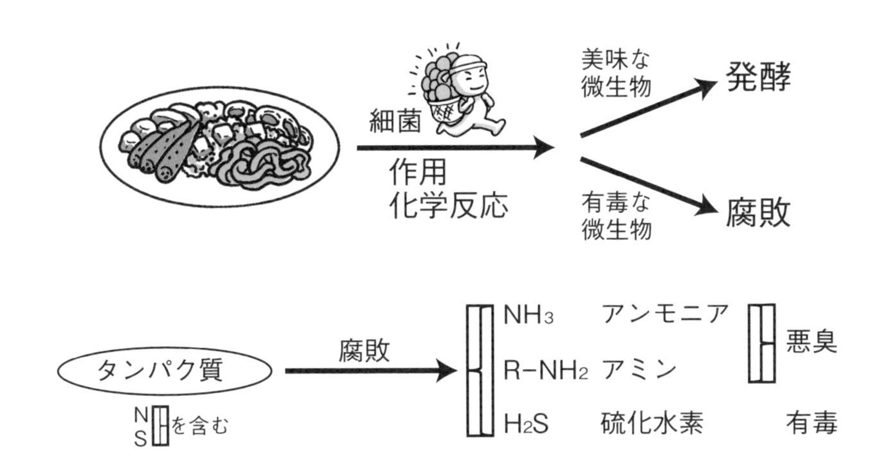

1-7

毒素の種類

しかし、特定の、特に有害な微生物、つまり病原菌が繁殖している場合には違います。これらの微生物は固有の毒素を生産し、それを食べた人にその微生物特有の病的症状を起こすのです。つまり、腐敗として匂い、味、外見に固有の外的変化を起こす以外に、外的変化のないまま有害物質を生産し、それを知らずに食べた人に病的症状を起こすのです。

腐敗による毒素

食物を長期間、保存すれば、食物の成分は変化し、分解してさまざまな成分に変化します。デンプンやセルロースなどのように、多数個の単糖類が結合してできた長い分子の多糖類ならば、細かく分裂して、数個程度の単糖類からなるオリゴ糖、2個の単糖類からなる二糖類、あるいはグルコース、フルクトースなどの単糖類になるでしょう。そして単糖類はさらに分解して各種のアルデヒドやカルボン酸になるでしょう。アルデヒドやカルボン酸には不快な臭いや有毒なものがあります（図9）。

20種類の小分子アミノ酸からなるタンパク質は、アミノ酸に分解します。アミノ酸には先に見たように窒素NやイオウSを含むものがあります。これらはさらに分解して窒素やイオウを含む不快臭をもつ**有毒物質**に変化します。

DNAやRNAなどの核酸も同様です。DNAは4種類の単位物質が繋がった長大な分子であり、各単位分子は窒素N、リンPを含みます。リンは生物において遺伝やエネルギー保存などの面で重要な働きをします。このリンが有毒物質として作用したら、本当に危険なことが起こることが予想されます。

微生物の分泌する毒素

このような、食品の成分が分解することによって発生する有毒物質のほかに、微生物が生産する独自の毒素があります。本当に危険なのはこのような毒素です。毒素は英語でポイズン（poison）といいますが、生物が生産する毒素は特に**トキシン**（toxin）といいます。

自然界にある毒素には、フグ毒のテトロドトキシン、イソギンチャク毒のパリトキシンなど、トキシンという名前のつくものがたくさんありますが、それはこれらの毒が生物に由来するものであることを示しています。しかし自然界の毒の変遷は複雑です。フグ毒はフグが自分で作るものではありません。藻類と呼ばれる微小生物が作った毒をフグがエサと一緒に摂食し、その毒を自分の体内に溜めこんだものであることが知られています。

図9　腐敗と毒素

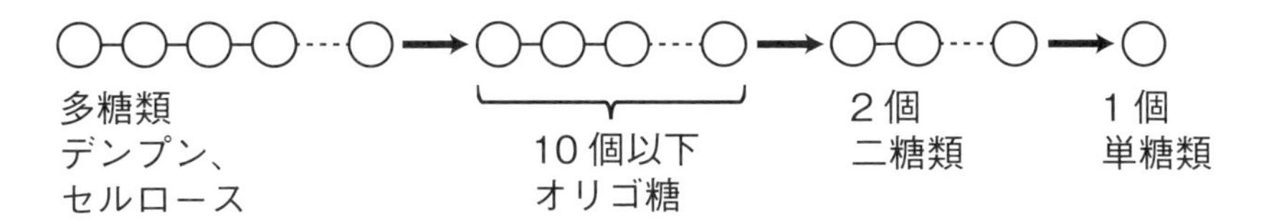

分解

単糖類
炭素6個程度

$RC(=O)H$, アルデヒド　$R-C(=O)OH$ カルボン酸

タンパク質 → アミノ酸 —分解→ NH_3, $R-NH_2$

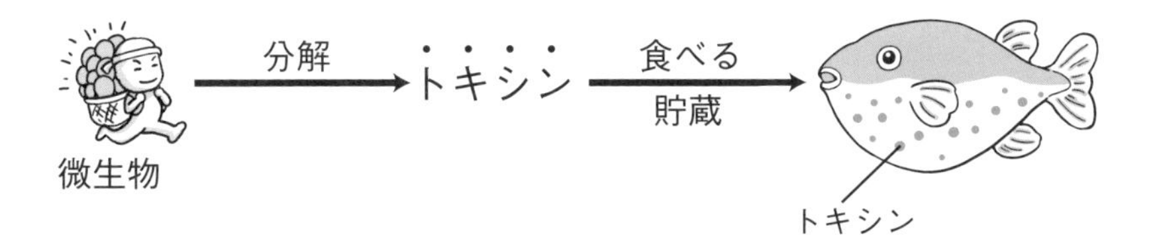

フグ毒のテトロドトキシンをもつトラフグ

1-8

食中毒を起こす細菌

食中毒は湿っぽい梅雨時や高温多湿の夏に多いように思われがちですが、実はそうではありません。棒グラフに見るように、食中毒は一年中同じように起きています（図10）。発生件数から見たら春先の2月や、秋の10月という意外な時期に多くなっています。

食中毒の発生件数

しかし、このグラフで見ている食中毒の原因は多彩です。主な原因として細菌、ウイルス、寄生虫があります。図11の円グラフは令和2年（1～12月）に発生した食中毒の発生原因を表したものですが、約66%が細菌、約25%がウイルスによるものでした。

あとに見るように、ウイルスは微生物ではありませんし、本書は微生物を扱うものですから、微生物による食中毒だけを見たら確かに梅雨時から9月、10月の晩夏にかけてが多いということはできるようです。

食中毒を起こす微生物

食中毒を起こす微生物にはたくさんの種類があります。主なものをP40の図12にまとめました。腹痛程度の軽度な食中毒ですむものから、命にかかわる重度な食中毒に発展するものまでいろいろあります。

なかでも怖いのは**ボツリヌス菌**でしょう。これは嫌気菌で酸素を嫌うので、缶詰や漬物の下部などに発生しやすいのですが、**腐敗菌**ではないので発生しても気づかれることがなく、そのうえ、熱に強いので料理の熱程度では死滅することなく、始末に負えない菌です。そのくせ毒素は強く、中毒するとかなりの確率で命を失います。1984年には熊本県の名物、カラシレンコンのパック包装で発生し、患者31名、死者9名という大事件になったこともあります。現在は治療法も開発されましたが、それでも死亡率は10%もあります。

リステリア属も死亡率10%と高いです。しかも潜伏期間が10日と長いですから、場合によると原因究明が難しくなりそうです。生牛肉などに多い**O157**などの

腸管出血性大腸菌の死亡率も1〜5%と高いです。**サルモネラ菌**は鶏卵などについているありふれた菌ですが、中毒になると死亡率は0.1〜0.2%とバカにならない数字になります。

図10　原因物質別 食中毒発生件数

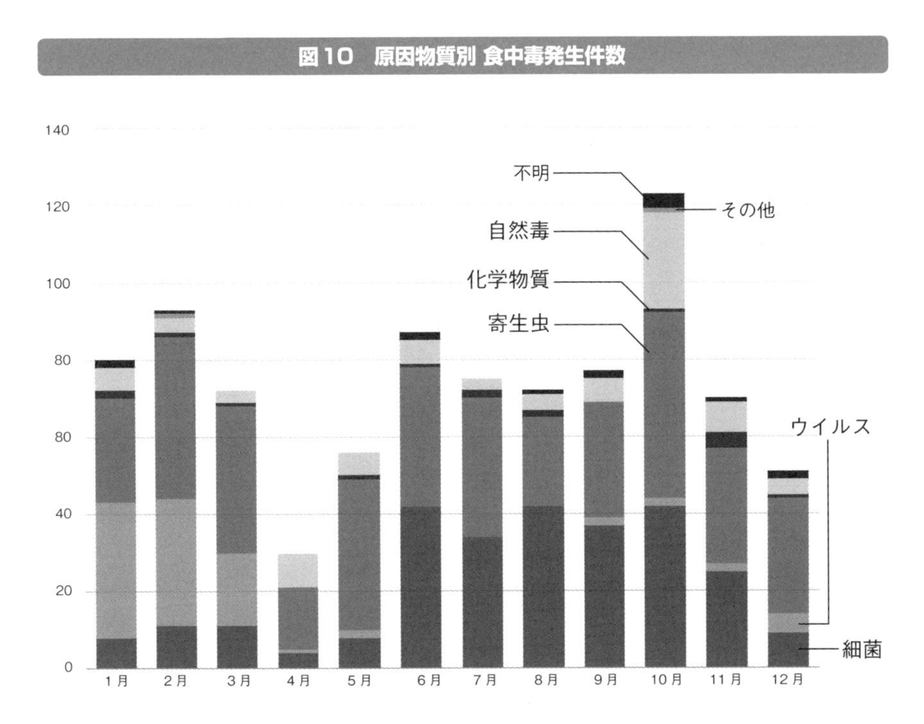

図11　原因物質別 食中毒患者数

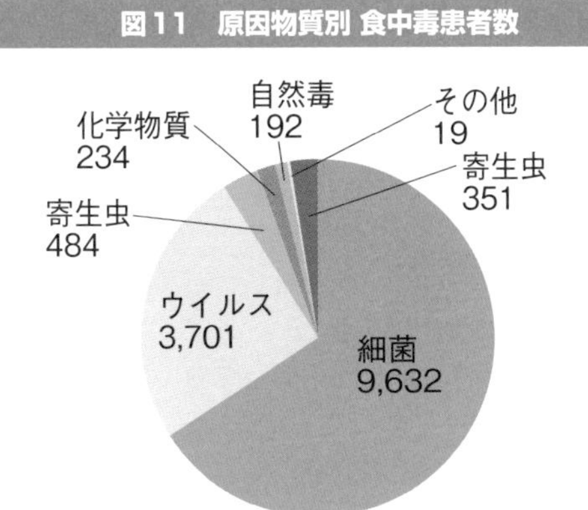

図12には参考のためにウイルス(ノロウイルス)のデータも載せておきます。

図12 ウイルスの種類と症状

	潜伏期間	原因食品	症状
黄色ブドウ球菌	1～5時間	握り、寿司、お造りなど	吐き気、嘔吐、上腹部痛、下痢など。普通は12時間以内に治るが、免疫力が低下している高齢者では死亡するケースも
ボツリヌス菌	8～36時間と潜伏期間が長い	発酵食品、真空パック食品、ソーセージ、飯鮨など	麻痺、複視(1個のものが2個に見える)、構音障害(言葉が明瞭に発音できない)、呼吸困難など。ただし死亡率は現在の治療技術により10%未満に減少
腸炎ビブリオ	12～24時間。夏期に多発	未加熱の魚介類や刺し身など	腹痛、下痢、嘔吐など。死亡率は低い
サルモネラ属	24時間から2日	生肉、卵、サラダなど	発熱、腹痛、下痢、嘔吐など。死亡率は0.1～0.2%
カンピロバクター	2日から、時には11日になることも	加熱不足の鶏肉・豚肉・牛肉、卵、生乳、牛刺し、レバ刺しなど	頭痛、腹痛、下痢、嘔吐など。発症後2週間で運動麻痺や呼吸麻痺をともなう合併症、ギラン・バレー症候群の危険性あり。死亡率は低い
病原性大腸菌	3～8日。O157など腸管出血性大腸菌	特定できないが、生牛肉が多い	腹痛、水様性下痢、血便、風邪様症状など。死亡率は1～5%
リステリア属	1日から、ときに1カ月になることも	乳製品、肉料理、サラダなど	発熱、倦怠感、頭痛、筋肉痛、関節痛など。死亡率は10%との報告もあり
ウェルシュ菌	8～24時間	肉料理など	腹部不快感、下痢など。まれに死亡例あり
セレウス菌	30分から6時間	加熱不足の鶏肉・豚肉・牛肉、卵、生乳、牛刺し、レバ刺しなど	頭痛、腹痛、下痢、嘔吐など。まれに急性肝不全などでの死亡例あり
ノロウイルス※	細菌ではなくウイルス感染。潜伏期間は24時間から2日	汚染二枚貝や加熱不足の食品。感染は患者の糞便や吐瀉物のほか、飛沫感染など	上腹部痛、吐き気、嘔吐、下痢など。まれに死亡例あり

※ノロウイルスは属名で、ノーウォークウイルスのこと

『眠れなくなるほど面白い 図解 微生物の話』山形洋平 著(日本文芸社、2020年)P.89を改変

出典:厚生労働省「食中毒統計」令和2年度より

1-9

毒素の強弱

前項で見たように、細菌には毒性の強いものと弱いものがあります。これは細菌が分泌する毒その強弱によるものです。それでは、毒の強さはどのようにして計ればよいのでしょう。

半数致死量

お酒に強い人もいれば弱い人もいるように、毒にも強い人と弱い人がいるはずです。強い人なら何ともないような弱い毒でも、毒に弱い人なら命にかかわることにもなりかねません。

毒の強さを、検体の個性に左右されず、科学的に表すことはできないでしょうか？　そのために考案されたのが**半数致死量LD_{50}**という量です。

図13のグラフは毒の摂取量と、それによってなくなった検体動物の割合を示したものです。横軸は摂取した毒の量です。縦軸は、その量の毒を摂取することによって死んだ検体の割合です。簡単にするため、100匹のマウスを用意しましょう。このマウスすべてに同じ量の毒を飲ませてゆくのです。

図13　半数致死量の考え方

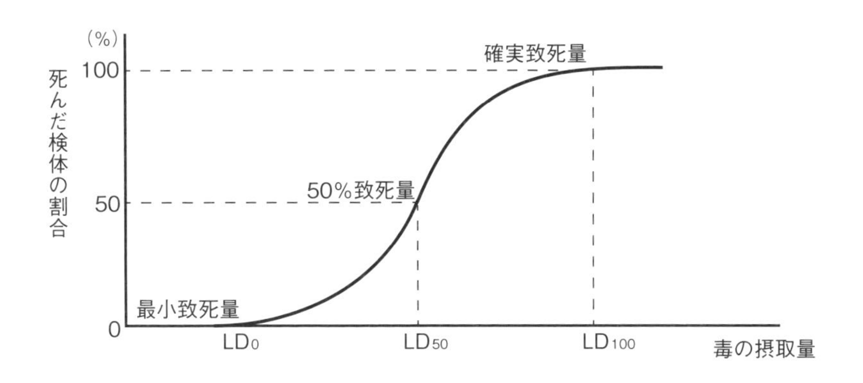

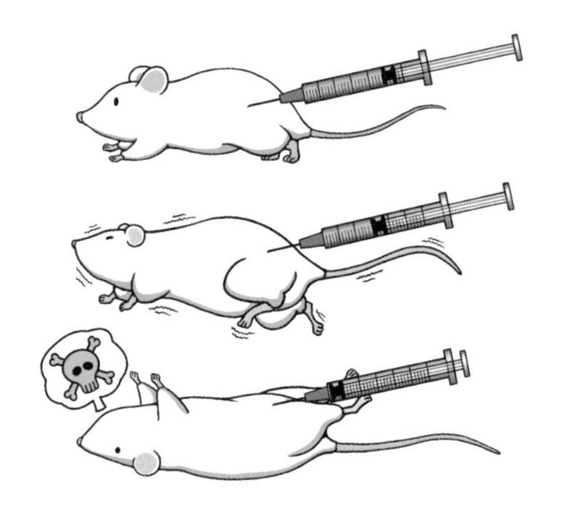

毒の量が少ないときには死ぬマウスはいません。しかし、毒の量を増やしてゆくと、ある量で、最も弱いマウスが死にます。さらに増やすとさらに多くのマウスが死にます。そしてある量に達すると、マウスの50%に相当する50匹が死にます。このときの毒の量をLD_{50}、50%致死量というのです。LDはLethal Dose（致死量）の略です。

それに対して、マウスが死に始めた最小量を**最小致死量LD_0**、あるいはMLDといいます。最大耐量ということもあります。反対にすべてのマウスが死んでしまう最小量を、**確実致死量LD_{100}**といいます。

検体群の中に、一匹だけ特別に弱いものがいればLD_0はとんでもなく小さくなります。また、例外的に強いものがいればLD_{100}は非常に大きくなります。このようにLD_0とLD_{100}は検体の個性に左右されるのであまり科学的な値とはいえません。そのため、致死量としてはLD_{50}が最も信頼性のおけるものと考えられています。

毒のランキング表

しかし、マウスと人では大きさと体重がケタ違いに違います。そのため、体重1kgあたりということにして補正します。したがって体重60kgの人は、この値を60倍して考えることが必要となります。それにしてもこの数値は人間で計ったものではなく、マウスを用いたものです。人間とマウスでは同じ毒でも感受性が違います。LD_{50}はあくまでも参考値にすぎないことを忘れてはなりません。

参考のためにいくつかの毒素のLD_{50}を図14にまとめました。要するに、毒のランキング表です。これを見るとNo1、No2をはじめ、上位に微生物の毒が並んでいることに気づきます。微生物はどこにでも棲んでいる微小な生物ですが、その殺傷能力には恐ろしいものがあることがわかります。

図14　毒の種類とランキング

順位	毒の名前	致死量 LD50（μg/kg）	由来
1	ボツリヌストキシン	0.0003	微生物
2	破傷風トキシン（テタヌストキシン）	0.002	微生物
3	リシン	0.1	植物（トウゴマ）
4	パリトキシン	0.5	微生物
5	バトラコトキシン	2	動物（ヤドクガエル）
6	テトロドトキシン（TTX）	10	動物（フグ）/微生物
7	VX	15	化学合成
8	ダイオキシン	22	化学合成
9	d-ツボクラリン（d-Tc）	30	植物（クラーレ）
10	ウミヘビ毒	100	植物（ウミヘビ）
11	アコニチン	120	植物（トリカブト）
12	アマニチン	400	微生物（キノコ）
13	サリン	420	化学合成
14	コブラ毒	500	動物（コブラ）
15	フィゾスチグミン	640	植物（カラバル豆）
16	ストリキニーネ	960	植物（馬銭子）
17	ヒ素（As2O3）	1,430	鉱物
18	ニコチン	7,000	植物（タバコ）
19	青酸カリウム	10,000	KCN
20	ショウコウ	29000（LD0）	鉱物 Hg2Cl2
21	酢酸タリウム	35,200	鉱物 CH3CO2Tl

『図解雑学 毒の科学』船山信次著（ナツメ社、2003年）を改変

MEMO

第2章

微生物って何だろう？

微生物は、一般には肉眼で識別できないほど小さい生物のことをいいます。しかし生物ですから自分で栄養を摂り、細胞構造をもち、DNAで増殖します。ところがウイルスは自分で栄養を摂ることができず、細胞構造ももちません。そのため、ウイルスは微生物には含まれません。

2-1
微生物とウイルス

微生物とは何でしょう？　文字からいって微小な生物であることはわかります。それでは微小とはどの程度のことでしょうか？　一般には肉眼で識別できない程度の大きさと考えられますが、明確な基準はありません。実は微生物という定義はそのような曖昧な定義なのです。

同じような言葉に単細胞生物という言葉がありますが、これは1個の細胞だけでできた生物ということで、定義の内容が明確です。しかし微生物というときには単細胞生物も、多細胞生物も含まれます。小さければよいだけです。

生物とは

微生物ではっきりしているのは「生物である」ということです。それでは生物とは何でしょう？　生物という言葉から考えれば生物とは「生命をもっているもの」ということになりますが、生物学的にはもっと即物的に次の3条件をすべて満たすものだけが生物であると定義されています。つまり

① **遺伝によって増殖できる**

② **栄養を自力で摂ることができる**

③ **細胞構造をもつ**

です（図1）。

ウイルスは生物か？

この定義で問題になるのはウイルスです。ウイルスは非常に簡単な構造であり、したがって機能も単純なものしか備えていません。

それでもウイルスは**核酸**をもっています。核酸にはDNAとRNAの2種類があります。人間は両方をもっていますが、ウイルスはどちらか片方しかもっていないものが大部分です。それにしても核酸をもっているということは、それを用いて遺伝によって増殖できることを示しています。

しかしウイルスは自分で栄養を賄うことができないのです。ウイルスはほかの生物に寄生し、その生物（宿主）の栄養素を横取りすることしかできません。

　そして決定的なことは、ウイルスは**細胞構造**をもっていないということです。細胞構造というのは「細胞膜で囲まれた容器（細胞）」に核酸を収納しているということです。ウイルスは細胞膜をもたず、したがって核酸を「タンパク質でできた容器（カプシド）」に収納しています。

　このような理由によってウイルスは生物とはみなされていません。しかしかぎりなく「生物に近い物体」ということで、一般に微生物という場合にはウイルスが含まれることもあります。

図1　ウイルスと生物の違い

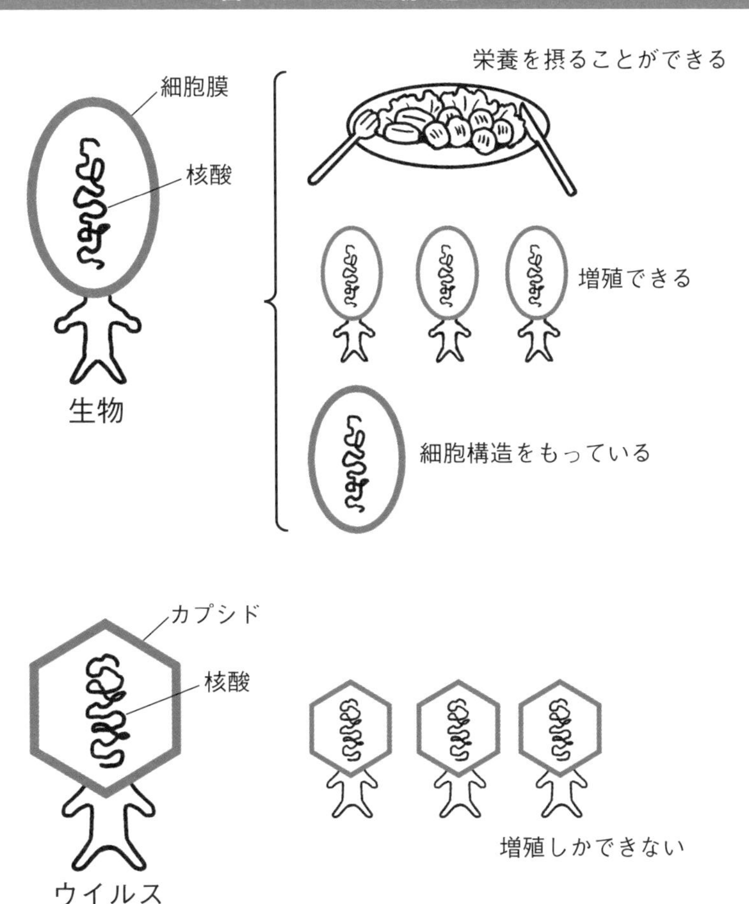

2-2

細胞と細胞膜

微生物には細菌、カビ、寄生虫、酵母、ウイルスなど多くの種類があります。前項で見たように、生物であるかどうかの判定に大きく影響しているのが細胞構造です。それでは細胞構造とはどのようなものなのかを見てみましょう。

細胞とは「細胞膜」で囲まれた空間の中に、細胞器官といわれる各種の内容物を詰め込んだものです。つまり、細胞構造をとるためには細胞膜がなければならないのです。ただの「膜」のように聞こえる細胞膜ですが、細胞膜とはどのようなものなのでしょうか？

分子膜

細胞膜はシャボン玉の膜のようなものです。シャボン玉は、シャボン（洗剤）分子でできた膜でできた袋（空間）の中に空気の入ったものです。それでは、洗剤分子でできた膜とはどのような幕なのでしょう？

分子には酢酸CH_3COOHのように水に溶けるものと、石油$CH_3CH_2CH_2 \cdots CH_3$のように水に溶けないものがあります。前者を**親水性分子**、後者を**疎水性分子**といいます。洗剤分子は一分子の中に親水性の部分COONaと疎水性の部分$CH_3CH_2CH_2 \cdots CH_2$をもっています。このような分子を一般に**両親媒性分子**といいます。洗剤のような界面活性剤が典型です（図2）。

両親媒性分子を水に溶かすと、親水性の部分は水中に入りますが。疎水性部分は入りません。その結果、分子は水面に逆立ちしたような形で留まります。

分子膜の性質

両親媒性分子の量を増やすと、水面は一面にこの「逆立ちした両親媒性分子」で埋め尽くされます。この状態は朝礼の時間にグランドに整列した子供たちの集団に例えることができます。この集団を校舎の屋上から見たら、子供たちの頭は黒い海苔のように見えるでしょう。

そこで、両親媒性分子のこのような集団を一般に**分子膜**といいます。ポリエチレンフィルムもポリエチレンという分子の集団でできた膜ですが、このようなものは分子膜とはいいません。

整列した子供たちは、膜のように固まっていますが、子供たちの間に結合のようなものは一切ありません。子供たちは列を乱して動き回ることができ、オシッコといって集団から離れることも、終わったらまた戻ることも自由です。

この状態は分子膜を作る分子も同じです。膜を作る分子がこのようにダイナミックに運動できる、そのことが生命のダイナミズムの象徴ということもできるでしょう。

図2　分子膜とその性質

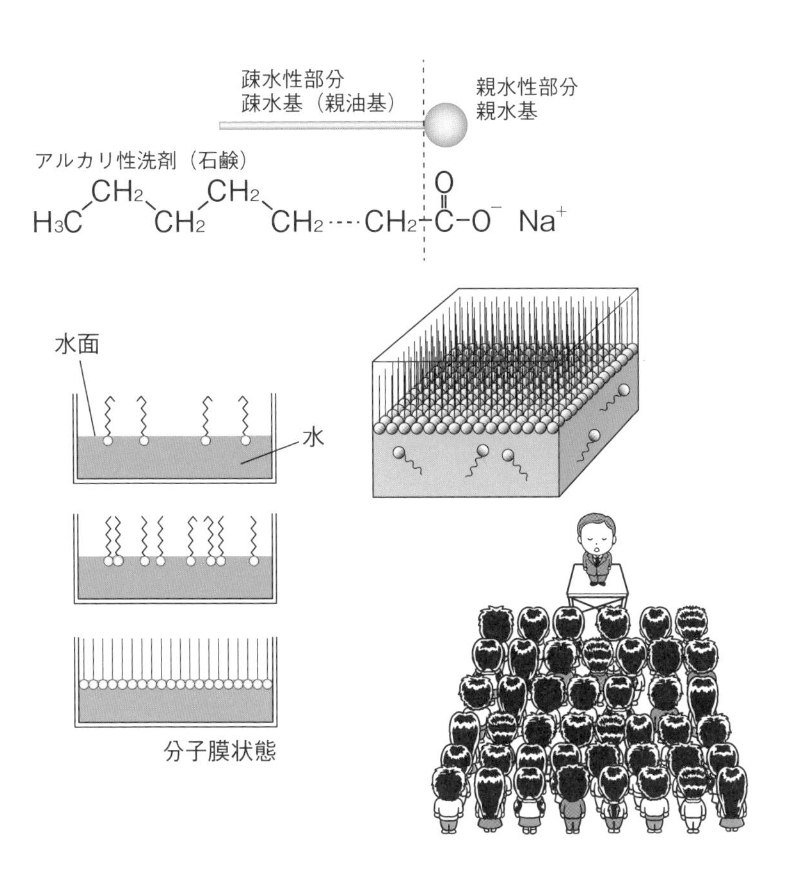

2-3

細胞膜の構造

前項で見た分子膜は一重なので一分子膜といいます。分子膜は重なることもでき、そのような膜を二分子膜といいます。二分子膜には疎水性部分を接した二分子膜と、親水性部分を接した逆二分子膜があります（図3）。

シャボン玉

シャボン玉は**逆二分子膜**でできた袋に空気が入ったものです。そして親水性部分に挟まれた領域に水が入っています。水層の厚さは風や重力によって刻々変化するので、光の干渉も刻々変化し、そのためシャボン玉特有の揺らめく虹色がでてきます。

シャボン玉が壊れるともとの石鹸液に戻り、そこにストローを入れればもう一度シャボン玉ができます。これは石鹸分子はシャボン玉になることによって何ら化学的な変化を受けていないことを意味します。

細胞膜

図４は細胞膜の模式図です。基本は疎水性部分を接した**二分子膜**です。そこにタンパク質や糖脂質が「挟み込まれて」います。挟み込まれているだけですから、これらの物質は海洋を漂う氷山のように動き回ることができます。細胞膜から外れて細胞の内外に逃げだすことも自由です。

もちろん、細胞膜を作る両親媒性分子は石鹸分子ではありません。細胞膜を作るのはリン脂質という、脂肪分子とリン酸が結合した分子です。

細胞膜は細胞の外側をカバーするだけでなく、細胞の中で生命活動を営む細胞内器官、核やミトコンドリア、ゴルジ体などを包む、あるいは構成するものです。

脂肪を摂ると太るとかいうことで、若い人のなかには脂肪を毛嫌いする人もいるようですが、脂肪がないと細胞膜ができず、当然細胞ができません。ということは細胞分裂がスムーズに進行できず、生命体そのものを更新することができないことを意味します。

図3　シャボン玉の構造

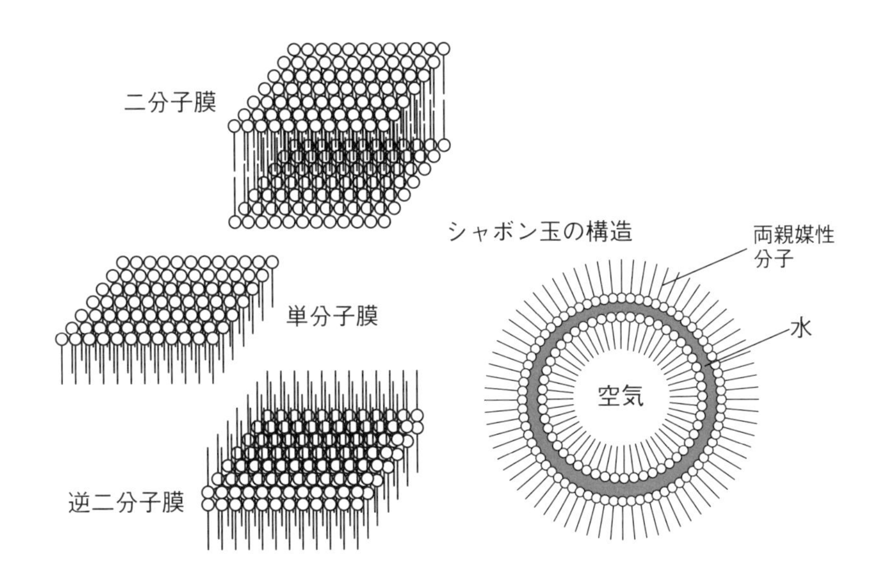

図4　細胞膜の模式図

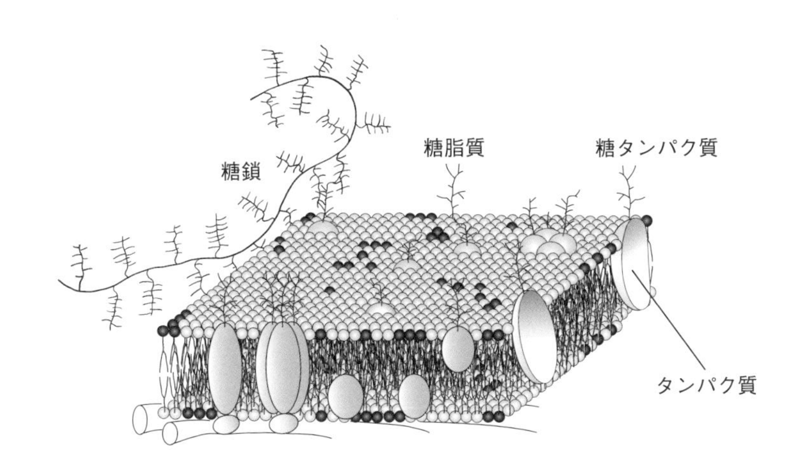

2-4
細胞の構造

細胞にはいろいろな種類がありますが、まず一般的な細胞から見ていくことにしましょう。

動物細胞

図5の左は一般的な動物の細胞です。外側を覆っているのが細胞膜です。細胞の内部には核、ミトコンドリア、リボソームなどの細胞小器官が入っています。

核は核膜という膜に包まれていますが、これは細胞膜と同じものです。ほかの器官も細胞膜で包まれています。核は細胞の中心になるもので、この中に遺伝の中心になる核酸DNAが収納されています。DNAの遺伝情報を基にして作られた核酸RNAはリボソームの周辺に存在してタンパク質の合成を行います。

ミトコンドリアは太古の昔には独立した好気性細菌として活動していたものが真核細胞に取り込まれ、現在のように細胞内器官に変化したものと考えられています。そのためミトコンドリアは独自のDNAをもち、独自の遺伝をすることが知られています。

植物細胞

図5の右は植物の細胞です。動物細胞との違いは細胞膜の外側にセルロースからできた細胞壁があるということです。細胞壁は頑丈なので、植物はこの細胞壁に支えられて直立することができます。細胞が死んだあとには細胞壁は融合して木質となって植物を支えます。

それに対して細胞膜はやわらかいので大きな細胞集団を支える力はありません。そのために動物には骨格があり、昆虫などでは頑丈な外骨格が存在して体を支えています。

真核細胞と原核細胞

細胞は大きく**真核細胞**と**原核細胞**に二分することができます。真核細胞は上に見た細胞のように核をもちます。それに対して原核細胞には核がありません（図6）。

そのほかの違いとしては、「真核細胞にはミトコンドリアや葉緑体など膜に囲まれた構造（膜構造）をもつ細胞小器官があるが、原核細胞にはない」ということがあります。

図5　動物細胞と植物細胞の構造

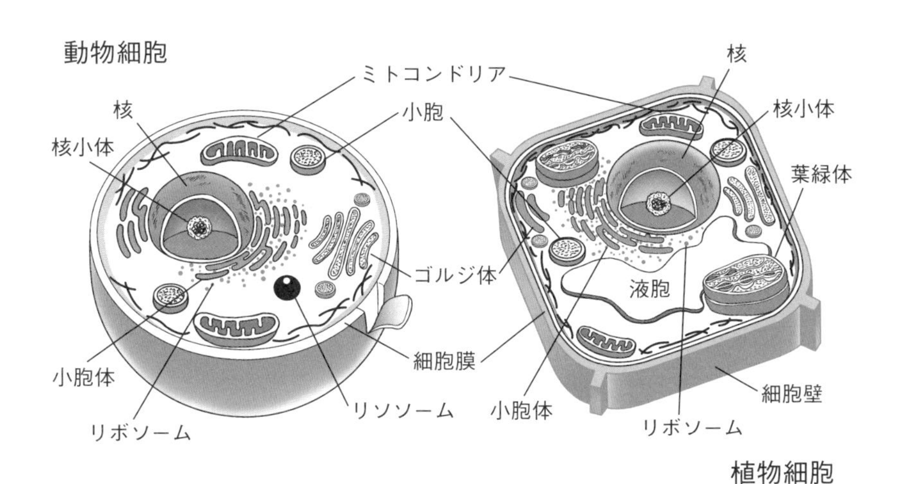

図6　原核細胞の構造

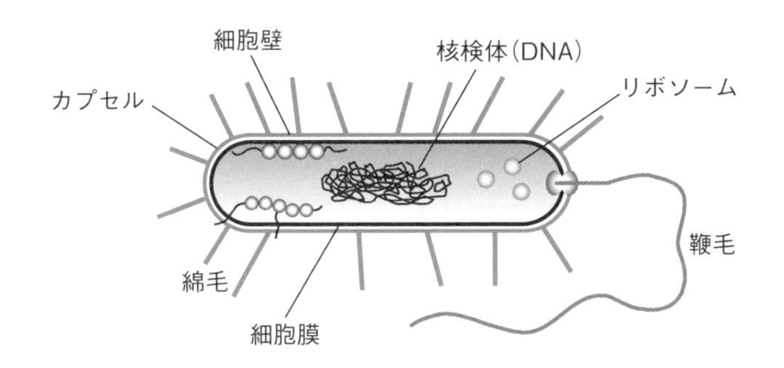

2-5

微生物の種類と構造

微生物が小さい生物、細胞体であることはわかりましたが、それでは微生物にはどのような種類があるのでしょう？

実は、「微生物」という分類は生物を大きさで分けただけのもので、魚類にメダカやジンベイザメがいるように、体の大きさと生物学的な分類とは一致しないことがあります。微生物も生物学の分類に照らして「これとこれが微生物」ということはできません。

一般に微生物といわれるものは、単細胞生物や原核細胞からできた原核生物が多いですが、なかには真核生物、さらには多細胞生物もあります。

細菌：大腸菌、枯草菌

形状は**球菌**か**桿菌**（かんきん）、**ラセン菌**が一般的で、通常1～10μmほどの微小な生物です（図7左）。多くは核をもたない原核細胞からできた原核生物です。細菌は地球上のあらゆる環境に存在しており、その代謝系は非常に多様です。光合成や窒素固定、有機物の分解過程など物質循環において非常に重要な位置を占めています。また、大腸菌などの腸内細菌群は食物の消化過程には欠かすことのできないものです。

細菌には、乳酸飲料や納豆の製造に使われるような役に立つものもあれば、食中毒や病気などを引き起こし、人の健康に害を及ぼすものもあります。例えば、腸管出血性大腸菌やサルモネラ、カンピロバクターなどは食中毒を起こす細菌としてよく知られています。

菌類：カビ、キノコ、酵母

カビやキノコでよく知られる**菌類**は、核をもった真核細胞からできた真核生物です（図7中）。普段は菌糸と呼ばれる細長い細胞を植物の根のように伸ばして成長します。菌糸は長くなると顕微鏡がなくても見えるようになりますが、その太さは数μm～数百μmまでいろいろあります。黴菌（バイキン）という言葉がありますが、「黴」はカビ、「菌」はキノコのことを指します。

原生生物：アメーバ、ミドリムシ、ゾウリムシ

原生生物は、真核生物のうち、菌界にも植物界にも動物界にも属さない生物の総称です（図7右）。もともとは、真核で単細胞の生物、および多細胞でも組織化の程度の低い生物をまとめるグループとして考えられたものです。原生生物は、水中や水を多く含む土壌中に生息しています。陸上でも、日なたや岩の上など、乾燥の強い場所でも、地衣類のようにほかの生物と共生したり、乾燥しているときは休眠して、水があるときだけに活動するなどの方法で生活しているものもあります。

図7　細菌、菌類、原生生物

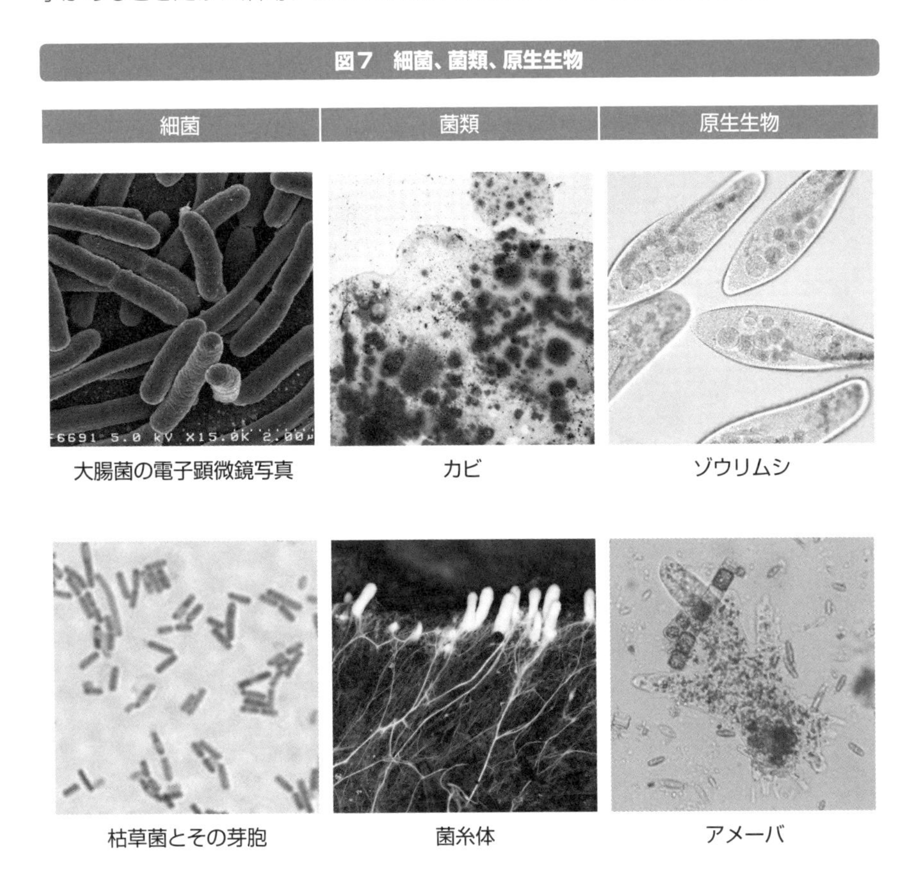

細菌写真出典：Wikipedia

2-6
カビの性質と害

カビは、糸のような「菌糸」と「胞子」から成り立っています。菌糸は盛んに枝分かれしながら生育します。この菌糸の集合したものは、「菌糸体」と呼ばれます（図8）。キノコも普段は菌糸体として暮らしていますが、あるとき突然いわゆるキノコという子実体を作って胞子を飛散させ、その後また菌子体に戻ります（図9）。

カビ

カビは、餅、パン、菓子類などのデンプンや糖分を含んだ食品を特に好みますが、食品ばかりでなく、人の垢（あか）、ペンキの成分、プラスチックまでも栄養源にして発育し、目に見える大きな集落を形成します。

カビは湿度70%以上と細菌より低い水分でも発育できるため、乾燥した食品にも生えることがあります。ただし、カビは酸素がないと発育できず、ほとんどのカビは10℃～30℃の温度が必要です。このように、カビの発育は①**栄養源**、②**水分**、③**温度**そして④**酸素**の４つの要素によって影響を受けます。

カビの胞子は、球形、楕円形、棒状、三日月状、ラセン状などいろいろな形をしています。大きさは、菌種によって著しく異なりますが、2～10μmの直径のものが多いようです。青カビ、黒カビなどと表現されるカビのさまざまな色は、ほとんどがこの胞子の色によるものです。

カビの胞子は、増殖に都合の良い条件に置かれると、2～3日で目に見える塊（集落）になり、1週間もするとたくさんの胞子を作り、周囲にまき散らします。作られた胞子は、風や水あるいは人によってほかの場所に運ばれ、再び発芽し発育します。この繰り返しによりカビは広がります。

カビの危害

カビは、チーズ、かつお節などの食品製造、抗生物質などの医薬品製造などに利用され、人々の暮らしに役立っているばかりでなく、ほかの微生物とともに生物の死骸を分解して環境を浄化しています。

その一方で、病気やアレルギー疾患の原因になったり、食品に生えて毒物を生産し、ガンや中毒の原因になったりもします。しかし、何といってもカビの最大の害は、衣食住のあらゆるものをカビさせ、だめにしてしまうことです。

カビが原因の苦情は、食品に関する苦情の約3%を占めるといわれます。しかし、保健所などへ届けられる例は、大きな被害だけであり、カビ被害のほんの一部にすぎないものと思われます。したがって、生産から消費までの間に、カビの発生によって、膨大な量の食品が廃棄されているものと思われます。

図8　カビのライフサイクル

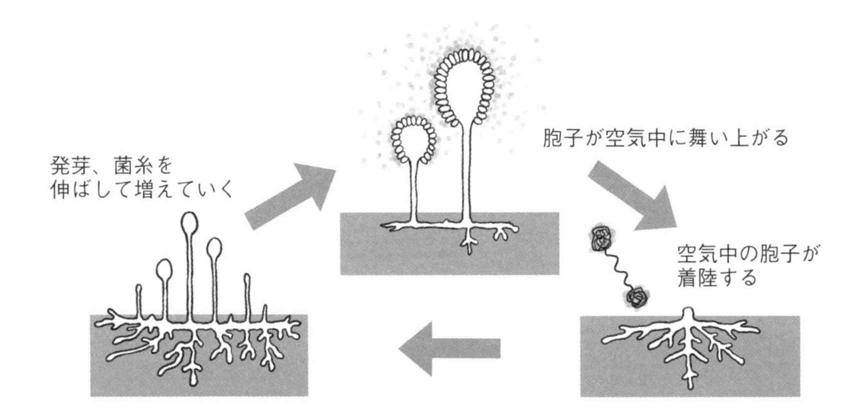

図9　キノコのライフサイクル

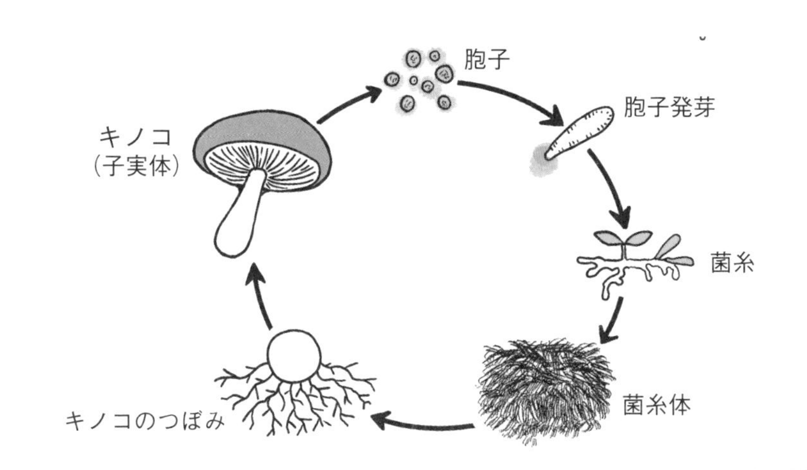

2-7
カビの種類と特徴

カビにはいろいろな種類があり、固有の色をもっています（図10）。色によるカビの種類とその特徴を見てみましょう。

〇黒カビ

よく見かける種類のカビです。胞子は空気中にも多く浮遊しているため、発生しやすいカビで、風呂場の天井、窓、あるいはエアコンの内部などあらゆるところに発生します。

毒性はありませんが、エアコンに発生すると、カビを含む空気を直接、それも長時間吸い込むことになり体調を崩すケースも珍しくありません。

〇青カビ

黒カビと同様に発生しやすいカビです。黒カビ同様、空気中に多く浮遊しているため、お菓子やパンに最初に発生するのはこの青カビ。 毒性はありませんが、カビが生えていることによってほかの有毒なカビが発生していることも考えられるので、注意が必要です。

また青カビには、医薬品で使われることのある、ペニシリンが含まれています。チーズに発生させるカビは青カビが多いです。

〇白カビ

建材や食品などのいたるところに発生します。カマンベールチーズのカビは、青カビと同じ種類のものであり、害はありません。しかし、そのほかの白カビは毒をもっていることがあるため、注意が必要です。

〇赤カビ

赤カビは植物病原菌の1つとして知られています。植物を枯らしたり、腐敗させたりする作用をもっています。野菜に発生することが多く、ご飯やパンなどにも発生することがあります。

また赤カビは、人体にも影響を及ぼすため、赤カビが発生している食品を見つけたら食べることはせず、ただちに廃棄しましょう。

○緑カビ

畳の裏や木材に発生しやすいカビです。青カビによく似ていますが、実はまったくの別物。一般的には、ツチアオカビと呼ばれており、湿気の多い場所で発生します。木材に発生すると、劣化や腐敗が起こります。また、吸い込むと体調を崩すおそれがあるため注意が必要です。

○黄カビ

ほかのカビと違い、乾燥した場所を好みます。ガラスやフィルムなどに発生するのが特徴です。例えば、カメラのレンズが曇るのは、黄カビが原因です。青カビが発生できない食品にも発生することがあるため注意が必要です。

図10　さまざまなカビ

照明器具の設置部に生えた黒カビ

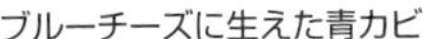

ブルーチーズに生えた青カビ

カマンベールチーズに生えた白カビ

2-8

酵母

酵母菌、あるいはイーストとも呼ばれます。食品をアルコール発酵させることによってアルコール（エタノール）と二酸化炭素を発生します。お酒、味噌、醤油などの醸造、パン作りに欠かせない微生物です（図11）。

酵母とは

酵母には100種を超えるといわれるくらい多くの種類がありますが、一般に酵母と呼ばれるものは、発酵や製パンに用いられるなど工業的に重要なものです。

構造的には細胞膜で包まれた核をもった真核細胞で、単細胞性の微生物ですからカビやキノコと同じ仲間ということになります。植物細胞と同じように細胞壁をもっており、運動性はありません。しかし光合成の能力はなく、栄養は外部の有機物を分解吸収することによって獲得します。

形態的には特徴の少ない円形か楕円形をしています。増殖は出芽または分裂によります。また、それによって増殖した細胞が、互いに不完全にくっついて樹枝状を呈する場合もあります。

一般に**天然酵母**と呼ばれるものは、自然界に存在する酵母を、培養して作られたものです。そのため、酵母以外にさまざまな菌が含まれていることもあります。かつて各家庭で作られていた時代の味噌や醤油、にごり酒などは、家や蔵に自生している天然酵母を使って作られました。

一方、現在、発酵食品を作るのに使われている**イースト**や**ビール酵母**、**清酒酵母**などの多くは、単一の菌を工業的に純粋培養したいわば養殖的なものといえます。

酵母と酵素

酵母のもつ代表的な機能、つまり1分子のグルコース（ブドウ糖）$C_6H_{12}O_6$を分解して2分子のアルコール（エタノール）CH_3CH_2OHと2分子の二酸化炭素CO_2を発生する機能は酵母がもつ**酵素**の力によるものです。酵素は生き物ではなくタンパク質の一種で、さまざまな化学反応を促す、いわば触媒の働きをもっています。

$$C_6H_{12}O_6 \rightarrow 2CH_3CH_2OH + 2CO_2$$

酵母やそのほかの微生物の多くは、物質に作用したときに発生するエネルギーを利用して増殖していきます。このとき、微生物がだすのが酵素であり、酵素によって作用されたものを副産物として私たちが発酵食品として利用しているというわけです。

酵母は多くの酵素を作りだすので、酵素の供給源として優れており、ほかの微生物とともに酵素生産にも利用されています。いわば酵母は酵素の「母」のような存在です。

図11　酵母と発酵

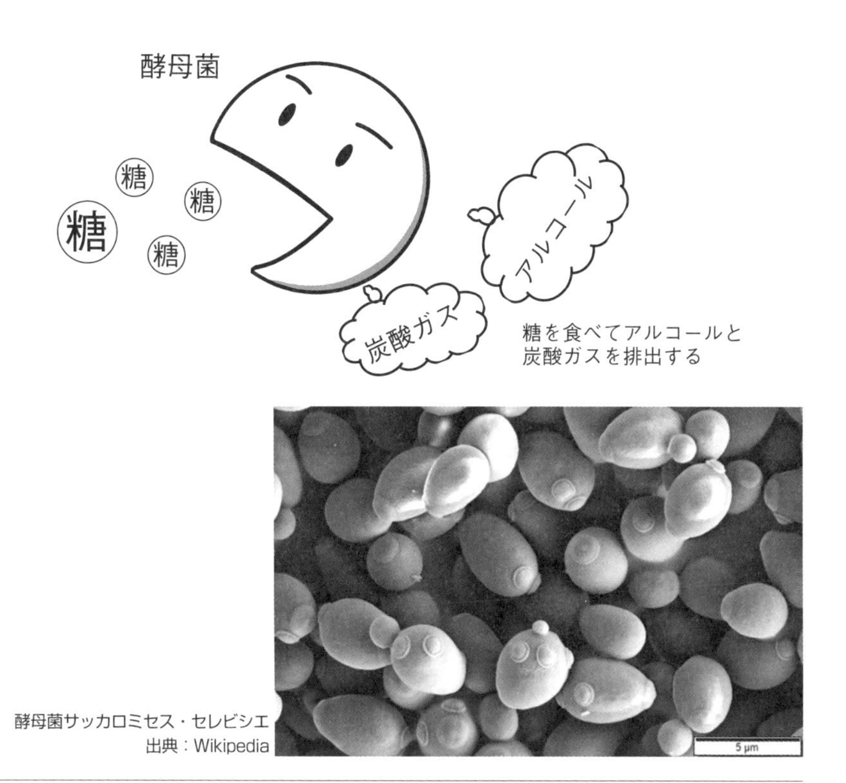

酵母菌サッカロミセス・セレビシエ
出典：Wikipedia

2-9

麹

麹はお酒、味噌、醤油などを作る醸造の際に、米、麦、豆に含まれる多糖類のデンプンを分解して単糖類のグルコースにするために用いられるものです。麹は穀物に麹菌（麹カビ）を作用させて作ったもので、いわばデンプン、グルコース、麹菌の混じった食品のようなものです。

麹菌

麹カビは、日本では身近なところにごく普通に見られる菌です。青カビと同様、放置されたパンや餅などの上に発生します。空中から基質上に胞子が落ちると、胞子は発芽して、菌糸は基質に伸びて、コロニーを形成します。コロニーはすぐに胞子形成による無性生殖を始めます。麹カビの胞子は、**分生子**（ぶんせいし）と呼ばれます（図12）。

分生子の柄は、大型のものでは1mmくらいまで伸び、基質から立ち上がります。柄の先端は丸くふくらみ、その表面に分生子形成細胞である紡錘形のフィアライドを一面につけます。

分生子が成熟すると、新しい分生子がフィアライドから作られ始めます。その結果、フィアライドの先に、新しいものから古いものへと続く分生子の鎖ができます。このようなことが連続すると針山のように分生子の数珠がつきます。

分生子は黄色、深緑、褐色、黒などの色をしており、緑っぽいものは青カビと間違えられることがあり、黒っぽいものは黒カビと呼ばれることもあります。

麹

麹（こうじ）、**糀**（こうじ）は、米、麦、大豆などの穀物に麹カビなどの食品発酵に有効なカビを中心にした微生物を繁殖させたもののことをいいます。

麹カビは、増殖するために菌糸の先端からデンプンやタンパク質などを分解するさまざまな酵素を生産・放出し、培地である蒸米や蒸麦のデンプンやタンパク質を分解し、その結果生成するグルコースやアミノ酸を栄養源として増殖します。

麹カビの産生した各種分解酵素の作用を利用して日本酒、味噌、食酢、漬物、醤油、焼酎、泡盛など、発酵食品を製造します（図13）。この技術は、ヒマラヤ地域と東南アジアを含めた東アジア圏特有の発酵技術であるとされます。

図12 麹カビのライフサイクル

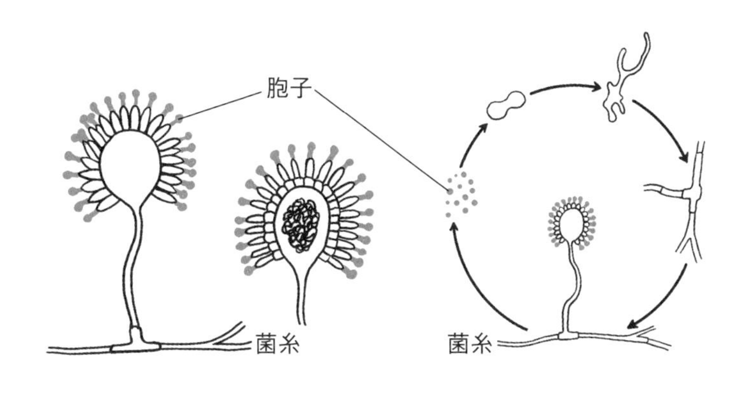

図13 麹

麹

麹を使った日本酒作り

2-10

乳酸菌

健康に良いということで乳酸発酵製品の人気が高まっています。乳酸発酵は乳酸菌がグルコースに作用して、1分子のグルコース$C_6H_{12}O_6$から2分子の乳酸$CH_3CH(OH)COOH$を発生する反応です。

$$C_6H_{12}O_6 \rightarrow 2CH_3CH(OH)COOH$$

乳酸菌とは

乳酸菌という名称は、細菌の生物学的な分類上の特定の菌種を指すものではなく、その性状に対して名づけられたものです。つまり、発酵によって糖類から多量の乳酸を産生し、かつ、悪臭の原因になるような腐敗物質を作らない菌は何でも乳酸菌と呼ばれたのです。

ただし、一般に以下の要件を満たす必要があるとされます。

1. グラム染色により紺青色あるいは紫色に染色される
2. 桿菌・球菌である
3. 芽胞を発芽しない
4. 運動性がない
5. 消費ブドウ糖に対して50%以上の乳酸を生成する

乳酸菌は、乳酸のみを最終産物として作りだす**ホモ乳酸菌**と、ビタミンC、アルコール、酢酸など乳酸以外のものを同時に産生する**ヘテロ乳酸菌**に分類されます。

乳酸菌の機能

乳酸菌は、ヨーグルトやチーズなどさまざまな発酵食品の製造に用いられます。乳酸菌による発酵は食品に酸味を主体とした味や香りの変化を与えるとともに、乳酸によって食品のpHが酸性側に偏ることで、腐敗や食中毒の原因になるほかの微生物の繁殖を抑えて食品の長期保存を可能にしています（図14）。

また、乳酸菌は発酵の際にビタミンCも産生する**菌株**（きんかぶ）があります。このため牛乳にはビタミンCがほとんど含まれていませんが、牛乳を発酵して作ったヨーグルトでは微量ながらビタミンCが含まれています。

一方、ほかの発酵食品の製造過程において、乳酸菌が雑菌として混入することが問題になることもあります。アルコールに強い乳酸菌は、酒類の醸造、発酵中に混入・増殖すると、異臭・酸味を生じて酒の商品価値を失わせてしまうことがあります。

日本酒醸造の現場ではこれを**火落ち**または**腐造**（ふぞう）といい、これらの菌は**火落ち菌**として造り酒屋たちから恐れられています。また火落ちにより混入した乳酸菌によって醸造後に腐敗することを防止するための手法が経験的に編みだされ行われています。これは**火入れ**と呼ばれる低温殺菌法で、醸造した酒を65℃の温度で23秒間加熱すればこれらの菌を不活化できることが知られています。

ワインにおいても同様に保存中に乳酸菌発酵によって異臭や酸味を生じることがあり、その原因を究明しようとしたルイ・パスツールの研究によって、食物が腐敗するメカニズムが解明されたといいます。

図14　乳酸菌の機能

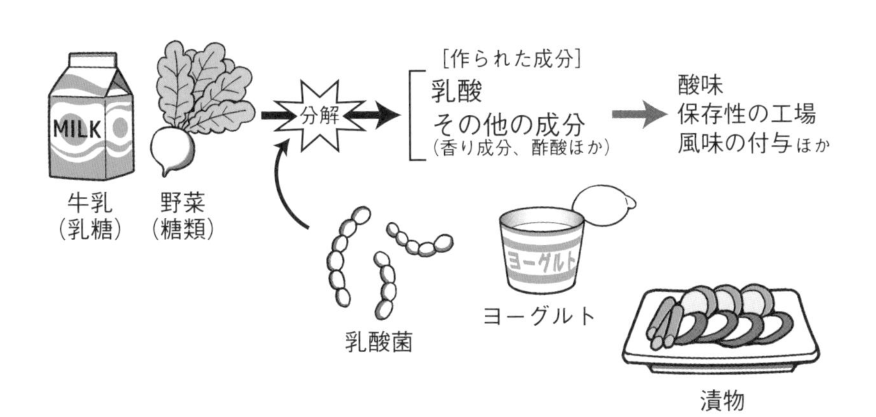

2-11

乳酸菌の種類

一般に乳酸菌と呼ばれるものにはたくさんの種類があります。主なものを見てみましょう（図15）。

生物学的な分類

○ラクトバシラス属

ラクトバシラスは桿菌であり、一般に**乳酸桿菌**（にゅうさんかんきん）と呼ぶ場合は、狭義にはこの属を指す場合が多いです。種によって乳酸のみを産生（ホモ乳酸発酵）するものと、乳酸以外のものを同時に産生（ヘテロ乳酸発酵）するものがあります。

野外から容易に採取することができ、ヨーグルトの製造に古くから用いられてきました。人や動物の消化管にも多く生息しています。ラクトバシラス属の一部にはアルコールに強いものがあり、これらは日本酒醸造の現場では火落ち菌と呼ばれ、この菌の混入は日本酒の異臭や酸味などの発生（火落ち）の原因になります。

○エンテロコッカス属

エンテロコッカスは球菌で、ホモ乳酸発酵をします。回腸、盲腸、大腸に生息しており、整腸薬としてビフィズス菌、アシドフィルス菌とともに配合されることが多いです。

○ラクトコッカス属

ラクトコッカスは球菌で、連鎖状ないし双球菌の配列をとり、狭義の乳酸球菌はこの種を指します。ホモ乳酸発酵をし、牛乳や乳製品に多く見られます。市販のカスピ海ヨーグルトなどに利用されています。

○ペディオコッカス属

ペディオコッカスは球菌で４連球菌の配列をとり、ホモ乳酸発酵をします。ピクルスなどの発酵植物製品から分離されることが多いです。

○ストレプトコッカス属

ストレプトコッカス属は球菌で、連鎖状の配列をとります。一般的にヨーグルト（例えばブルガリアヨーグルト）の製造に利用されます。虫歯の主要因の１つとして重要なミュータンス菌はこの種です。

○ビフィドバクテリウム属

ビフィドバクテリウムは放線菌です。俗にビフィズス菌とも呼ばれるヘテロ乳酸菌の一種で、乳酸と酢酸を産生します。ビフィドバクテリウムは、乳児のうち特に母乳栄養児の消化管内において最も数が多い消化管常在菌です。

生育場所による分類

○腸管系乳酸菌

動物の腸管に生息します。人の糞便中1gあたりの菌数は、ビフィズス菌が100億個、ビフィズス菌以外の乳酸菌が10～100万個といわれます。動物性乳酸菌動物質に由来する乳酸菌で、主に乳発酵食品中に存在します。

○植物性乳酸菌

植物質に由来する乳酸菌で、主に味噌、醤油、漬物、パンなどに存在します。

○海洋乳酸菌

海洋環境から分離した乳酸菌で、好塩性・好アルカリ性・耐アルカリ性が特徴です。

図15　乳酸菌の例

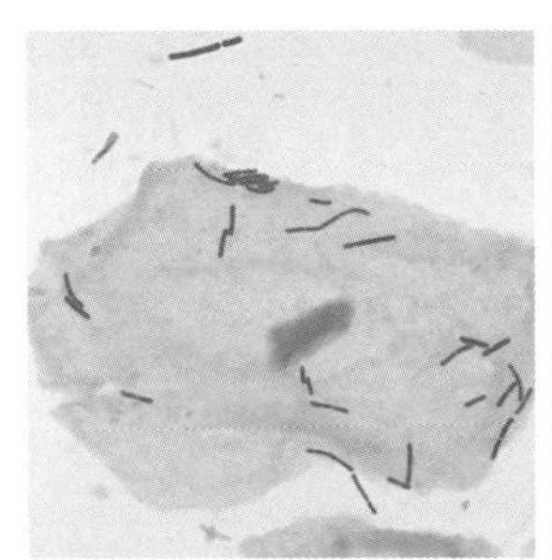

ラクトバシラス属

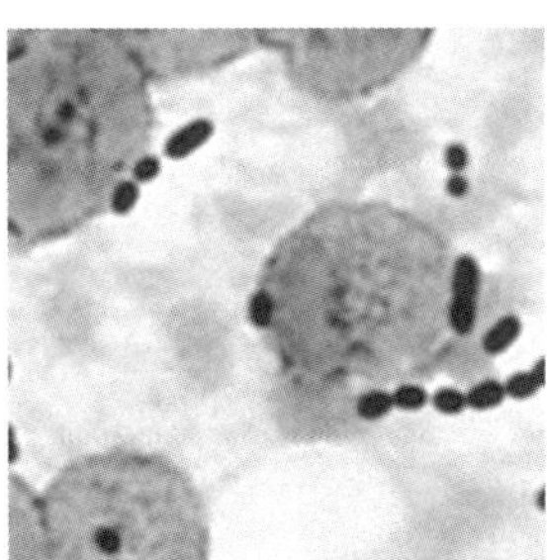

エンテロコッカス属

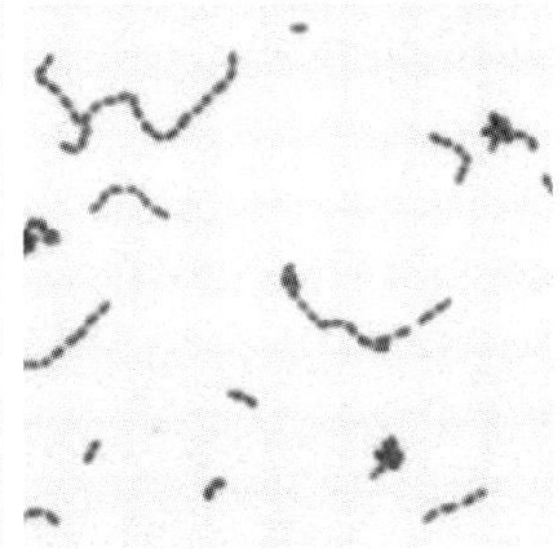

ストレプトコッカス属

ビフィドバクテリウム属

出典：Wikipedia

MEMO

第3章

植物性食品と発酵

植物性食品の主成分はデンプンやグルコースなどの炭水化物です。微生物はグルコースをアルコール発酵してアルコールと二酸化炭素とし、また乳酸発酵して乳酸とします。私たちはこの作用をお酒やパン作り、あるいはキムチや白菜漬けなどの漬物作りに利用します。

3-1

単糖類の種類と構造

小さな単位分子がたくさん結合してできた鎖のように長い分子を高分子といいます。エチレンという単位分子からできたポリエチレンが典型です。高分子のなかにはデンプンやタンパク質、あるいはDNAのように、天然に存在するものもあり、これらを特に天然高分子といいます。

単糖類の種類

一般にいう植物、あるいは植物性食品の成分の多くはデンプンやセルロースです。これらは**多糖類**といわれ、たくさんの単糖類が結合してできた**高分子**で長大な分子です。多糖類は鎖に例えることができ、鎖を作る１つひとつのワッカが**単糖類**なのです。

単糖類には図１に示したように多くの種類があり、ここで示したものは６個の炭素原子Cからできているので特に６炭糖といわれます。また分子式が$C_6H_{12}O_6$であり、これは$C_6(H_2O)_6$と書くことができ、炭素Cと水H_2Oからできているように見ることができることから、単糖類、多糖類などの糖類のことを**炭水化物**ということもあります。発酵の観点から見た場合に大切な単糖類は**グルコース（ブドウ糖）**です。

単糖類が２個結合したものを**二糖類**といい、２個のグルコースからできたマルトース（麦芽糖）、グルコースとフルクトースからできスクロース（ショ糖、砂糖）、グルコースとガラクトースからできたラクトース（果糖）などがよく知られています。

α-グルコースとβ-グルコース

栄養素として大切なデンプンや植物繊維として大切なセルロースはたくさんのグルコースが結合したものです。

グルコースは一般に書く場合には六角形の環状構造で書きますが、実はその構造は溶液中では決まっていません。あるときには鎖状グルコース（B）、あるときには環状のα-グルコース（A）、そしてあるときには環状のβ-グルコース（C）と、いろいろな形をとります（図2）。

（A）と（C）は**立体異性体**の関係になります。そしてこのような混合物を一般に**平衡混合物**といいます。

図1　単糖類の種類

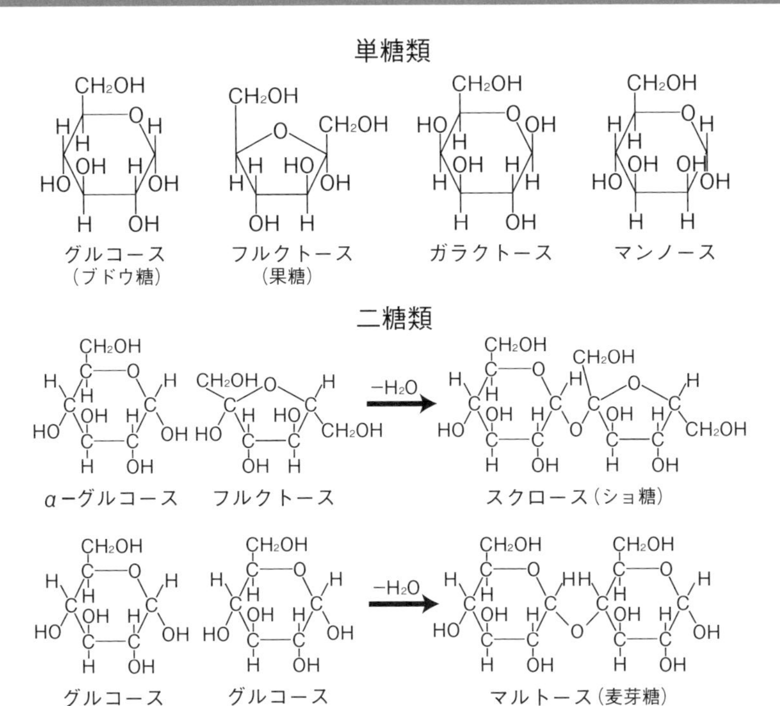

図2　グルコースの立体構造

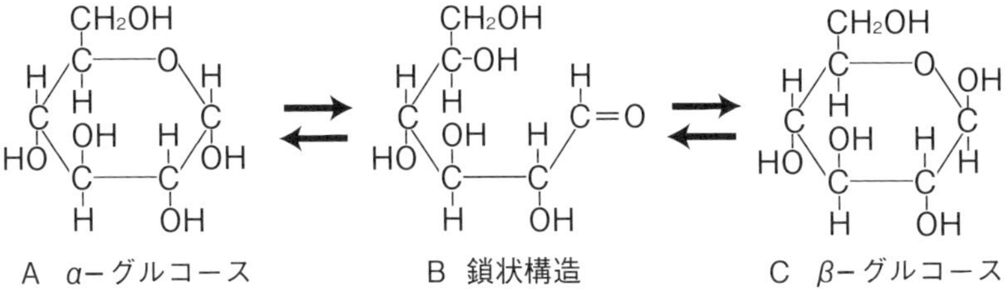

A　α−グルコース　　B　鎖状構造　　C　β−グルコース

3-2
デンプンとセルロース

グルコースが結合して多糖類になるときには環状の構造を使って結合します。したがって、α形かβ形を使います。このとき、α型のグルコースでできた高分子がデンプンであり、β形のグルコースでできたものがセルロースなのです（図3）。したがって、セルロースでもグルコースでも、体内に入って消化分解されてグルコースになれば、すべて同じように栄養源になるはずです。しかし私たちの体内にある消化酵素はα-グルコースの結合は分解できますが、β-グルコースの結合は分解できません。そのため私たち人間はセルロースを分解できず、草や木材を消化吸収できないのです。

デンプンの構造

デンプンは単一の単位分子、α-グルコースからできた天然高分子ですが、その構造は複雑です。

デンプンには2つの形、**アミロース**と**アミロペクチン**があります（図4）。アミロースというのはグルコースが直線状に繋がったものであり、前項でデンプンとして紹介した構造を延長したものです。アミロースは長い鎖状の分子ですが、実はラセン構造を取っていることが知られています。グルコース分子およそ6個ほどでラセン一巻に相当するラセン構造となっています。

それに対してアミロペクチンはところどころに枝分かれ構造をもっています。もちろんデンプンですからグルコースはα型をとっています。しかし、枝分かれのところでは側鎖のCH_2OH部分を使って結合しているのです。米の場合、もち米はほぼ100%がアミロペクチンですが、普通のご飯にする粳米は20%ほどのアミロースを含んでいます。

α-デンプンとβ-デンプン

デンプン分子は何本もが互いに集まって、結晶のような塊状になっています。このため、消化酵素が十分に働くことができません。この状態を**β-デンプン**といいます。β-デンプンは消化されにくいことが知られています。これに水を加えて加熱すると塊が崩れます。これを**α-デンプン**といい、消化されやすいです。生の米はβ-

型であり、それを焚いたご飯はα-型になっています。α-型を水分存在下で冷却するとまたβ-型に戻ります。

図3　デンプンとセルロースの違い

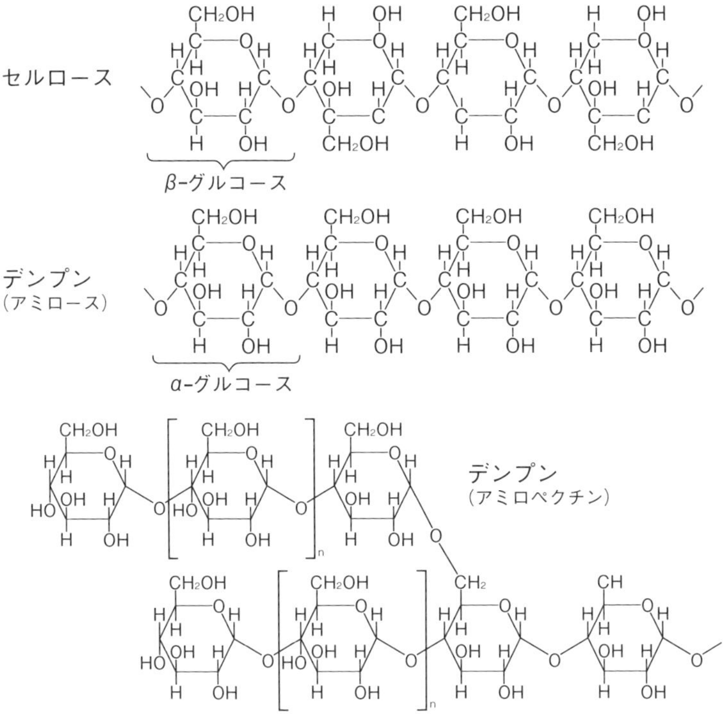

セルロース

β-グルコース

デンプン
（アミロース）

α-グルコース

デンプン
（アミロペクチン）

図4　デンプンの立体構造

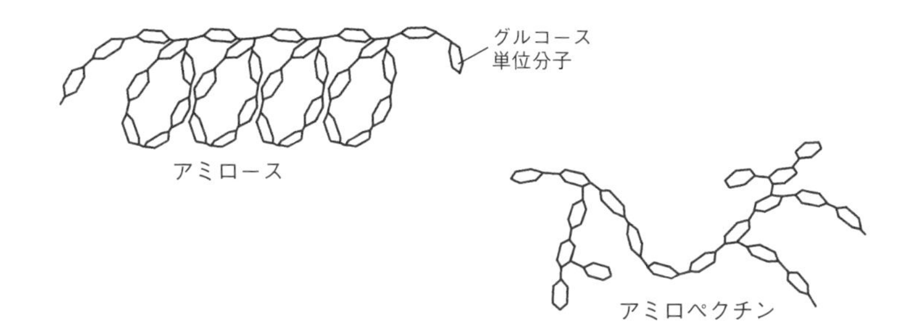

3-3

アルコール発酵

植物性食品の多くはデンプンです。デンプンの発酵といえばアルコール発酵と乳酸発酵です。

アルコール発酵とパン作り

アルコール発酵というのは、グルコース$C_6H_{12}O_6$が酵母（菌）によって発酵し、アルコール（エタノール、CH_3CH_2OH）と二酸化炭素CO_2を発生する反応のことをいいます。

$$C_6H_{12}O_6 \rightarrow 2CH_3CH_2OH + 2CO_2$$

この反応の代表的な応用例は、エタノールを利用してお酒を作る醸造ですが、それはあとの章で見ることにして、ここではパンについて見ることにしましょう。パンはアルコール発酵のもう１つの産物二酸化炭素を利用します。

パンは小麦粉を水で練ったものに、酵母（イースト）を加えてアルコール発酵を行ったものを高温で焼いたものです。この際に発生する二酸化炭素の気体がパン生地に泡を作り、気泡でフワフワになったパンができるのです（図5）。パン生地に砂糖を加えることがあるのは、酵母が糖分を原料にして発酵活動を活発にするからです。

イーストがない場合にはベーキングパウダー（ふくらし粉）を用いますが、これは重曹（炭酸水素ナトリウム$NaHCO_3$）を主成分とする化学物質で、酵母とは縁もゆかりもない物質です。重曹が下式のように熱分解して二酸化炭素を発生するのです。

$$2NaHCO_3 \rightarrow Na_2CO_3 + H_2O + CO_2$$

エジプト時代のビール

古代エジプトでは、パンを水に漬けて放置することによってビールを作ったといいます。これはエジプト時代のパンが生焼け状態、つまり現在のタコヤキ状態だったからできたことです。つまり、当時のパンは現在のタコヤキのように内部が生焼け状態だったといいます。そのため、この部分に酵母が生き残っており、それがパンの糖分を原料にしてアルコール発酵を継続したのでしょう。

現在のパンは中までシッカリと火が通って、酵母は死滅していますから、いくら水に漬けておいてもアルコール発酵が再発することはありません。ベーキングパウダーを用いたパンではそもそも最初から酵母がいないのですから、再発酵は無理な話です。

図5　パンができるまで

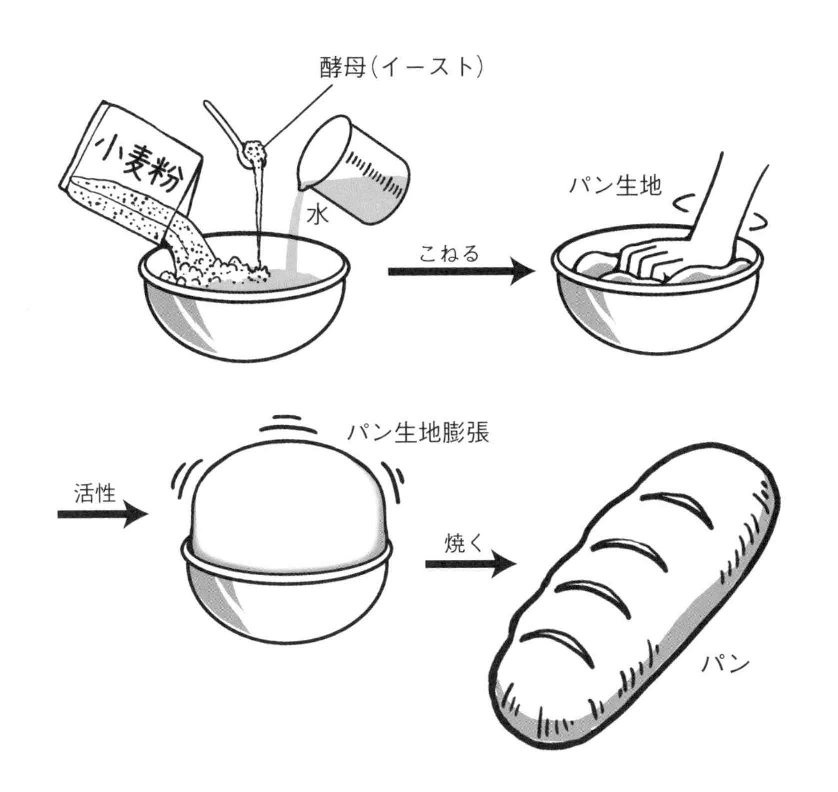

3-4
乳酸発酵

アルコール発酵と並んで植物の発酵として重要なのは、乳酸菌による乳酸発酵です。食卓に欠かせない漬物には野菜と塩水に基づく味と匂いのほかに、漬物特有の味と匂いがあります。この漬物特有の味、特に酸味、それと固有の匂い、香り、これらは乳酸菌による乳酸発酵の結果現れるものなのです。

発酵野菜食品のいろいろ

サラダには食べるときにドレッシングを振ります。したがってサラダが我々の口に入るときには、野菜とドレッシングの混合物となっています。

しかし日本人が日常的に食べる野菜の漬物は、野菜と塩水の混合物ではありません。野菜を塩水に漬けてから、浅漬けでも数十分、白菜や野沢菜の古漬けに至っては数カ月、半年も経ってから食べることになります。日本古来の野菜の漬物は、この漬けておく期間に特徴があります。野菜を塩水に漬けておくと、天然環境にいる乳酸菌が野菜や塩水に侵入し、乳酸発酵が始まります。

乳酸発酵は単純にいえば、一分子のブドウ糖（$C_6H_{12}O_6$）を分解して2分子の乳酸（$C_3H_6O_3$）に変える反応です。乳酸菌はこのとき発生する化学反応エネルギーを自分の生命活動に利用し、同時に環境を酸性にして外敵の微生物の増殖を妨害しているのです。

$$C_6H_{12}O_6 \rightarrow 2C_3H_6O_3$$

発酵の意外な用途

乳酸菌はこのときに乳酸だけでなく、副産物としていろいろの有機酸、アルコール類を生産します。同時に、漬物液に侵入した各種の細菌が、ブドウ糖などの糖類を独自の分解法で分解してこれまた各種のアルコール類、有機酸類を生産します。この結果生じた多種類のアルコール類と、多種類の有機酸類が反応して、多数種類の**エステル**を生産します。

エステルは一般に香りのよい化学物質です。この結果、漬物には、乳酸による特有の酸味とともに、独特のふくよかな香りがつくことになるのです（図6）。

野菜の漬物は、各国、各民族によっていろいろなものがあります。日本の塩漬け、糠漬け、たくあんなどとともに、世界にはほかにもキムチ、ザワークラウト、ピクルスなどがあります。

乳酸菌はこのように、発酵漬物に独特の味と香りを与えるだけではありません。乳酸菌は乳酸を大量に作ることによって漬物を酸性にし、ほかの菌の増殖を抑えるのです。つまり、乳酸発酵した食べ物は事実上腐敗する心配がないのです。

発酵が毒の分解に利用されている例があります。アフリカにはキャッサバというイモがあり、アマゾン川流域ではキャッサバを擦りおろして粉末に加工したものをマンジョカといって主食にします。しかしキャッサバには青酸化合物という猛毒が含まれ、そのまま食べると命を失います。そのため、食べる前に毒抜きの操作が必要になります。幸いなことにこの毒物は水溶性のため、キャッサバを擦りおろしてていねいに水でさらすことによって大方の毒物はなくなり、同時にこの過程で発酵が起こります。発酵によってキャッサバの味は酸っぱくなるといいますから乳酸発酵の一種なのでしょう。そしてこの発酵も毒抜きにひと役買っているといいますが、その詳細は明らかではありません。

図6　発酵野菜食品の作り方

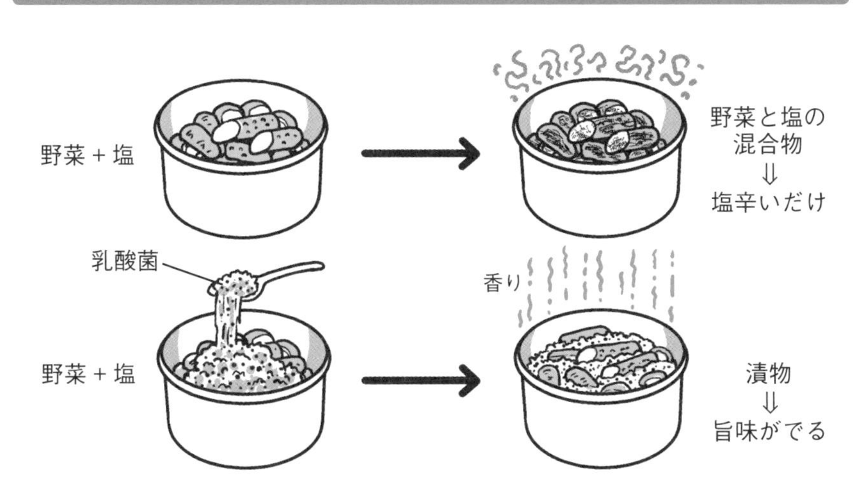

3-5

日本の植物性発酵食品

日本は発酵王国といわれるほど発酵食品が多く、国民に親しまれています。植物の発酵食品の多くはいわゆる漬物に多いようです（図7）。

○白菜漬け

白菜を大振りに切って塩水につけたもので、食べるときにひと口大や細い紐状に切ります。数日経つと乳酸発酵による酸味と独特の香りがでてきます。高菜漬けは高菜を同様にして漬けたもので、長野地方でたくさん出回ります。

○たくあん

大根を数日陰干しにし、そのあと糠、塩とともに漬けたものです。乳酸発酵によって独特の旨みと香りがでます。秋田地方では大根を燻製（燻（いぶ）す）にしたあとに漬けたいぶり漬け（いぶりがっこ）があります。

○糠漬け

糠と塩と水で粘土状にした糠床に野菜を漬け込んだものです。糠床（ぬかどこ）には乳酸菌を始め、多くの種類の微生物が繁殖しますので嫌気性の腐敗菌を糠床の表面にだして不活性化するために、毎日かき混ぜる必要があります。

○豆腐よう

豆腐をひと口大に切って黄や赤麹と泡盛（あわもり）（蒸留酒）に漬けて乳酸発酵させたもので、沖縄の郷土食です。昔は病気快癒後の滋養強壮食として珍重されたといいます。

○納豆

蒸した大豆を納豆菌（枯草菌）で発酵させたもので糸を引く性質と独特の匂いがあり、好き嫌いが分かれるようです。

○浜納豆

塩辛納豆の一種で、普通にいう納豆とは違う食品です。浜名湖畔にある大福寺の産で中国伝来の食品です。蒸し大豆に麹を加え、塩水に浸して発酵させたあと乾燥させたものです。暗黒色で味噌に似た風味をもち、酒のつまみなどにします。京都の大徳寺や天竜寺で作られ、それぞれの名を冠する寺納豆も同種のものです。

○ソテツの実

ソテツには赤い実が成りますがサイカシンという発がん性の毒成分が含まれ、食用にはなりません。しかし、沖縄では飢饉の際の救荒食（きゅうこうしょく）として用いられました。ソテツの実を乾燥したあと、粉に挽き、何回も水に漬けます。すると水溶性のサイカシンが除かれますが、いまだ十分ではありません。このようにして得たデンプン質に麹を加えて発酵させると毒が抜けて食べられるようになるといいます。毒が除かれるメカニズムは不明です。

図7　日本の伝統的な発酵食品

たくあん

豆腐よう

納豆

3-6

世界の植物性発酵食品

世界にはたくさんの植物性発酵食品があります。主なものを見てみましょう（図8）。

○ザワークラウト

ドイツを中心にヨーロッパ全域で作られるキャベツの漬物です。ザワークラウトの酸味は発酵の過程で乳酸菌がだす乳酸によるもので、酢などの酸味料は加えません。キャベツや赤キャベツを縦切りにし、瓶や漬物樽に入れ、適量の塩と香辛料を入れてよく混ぜたのち、漬物石など重しを乗せて押しをかけ、常温で保管します。夏季なら3日、冬場でも1週間程度で酸味がでて食べごろになります。

○ビーツ漬け

ロシアの赤カブの漬物です。赤カブを皮つきのまま細切りにし、塩水で漬けます。カブを食べるほか、漬汁を薄めてジュースとして飲んだり、スープに利用します。

○ザーサイ

中国でよく食べられる漬物が搾菜（ザーサイ）です。原料はアブラ菜の一種で、基部が肥大するものです。肥大した部分をとって天日干しにしたあと塩漬けにします。そのあと絞って塩だしをしたあと、調味料（塩、唐辛子、花椒（ホアジャス）、酒など）とともに甕に押し込んで本漬けします。「搾菜」の「搾」は塩水を搾ることからきているといいます。

○メンマ

ラーメンに乗せるものとしておなじみです。タケノコ（麻竹）を切って蒸したあと、乳酸発酵させます。発酵終了後、乾燥させたものを適当な調味料で味つけしたものが食品とされます。

○キムチ

韓国の漬物です。白菜を塩、唐辛子粉、ニンニク、アミ、餅粉などとともに漬けて乳酸発酵させたものです。そのまま食べるほか、調味料としても利用します。

○テンペ

インドネシアの食品で、大豆などをテンペ菌で発酵させた発酵食品です。インドネシアの納豆と呼ばれることもあります、用いる菌は納豆の枯草菌とは異なります。ブロック状で売られていますが味は淡白であり、発酵が進んだもの以外は臭気はなく、糸も引かず、クセがないので食べやすいです。

○プト

フィリピンの伝統的な食品です。クリスマスなどで食べるそうです。伝統的なレシピではもち米を一晩水につけ、軽く発酵させたうえですりつぶしてペースト状にしたものをバナナの葉で包み、土鍋に入れて炭火で焼きます。もち米で作ったパンというところです。

○ナン

インドのパンです。小麦粉に水、イーストを加えて練り、30分ほど発酵させたのち、5mmほどの厚さに延ばし、フライパンで焼きます。

図8　世界の発酵食品

ザワークラウト

ビーツ漬け

ザーサイ

テンペ

3-7
発酵調味料

調味料には発酵を利用したものが多く、世界中にさまざまな調味料が発達しています(図9)。

○味噌

味噌と醤油は日本料理の味を決めるものとして欠かせないものですが、両方とも大豆を麹を使って発酵させて作ります。麹は蒸した米、麦、大豆に麹を加えて発酵させます。原料によって米麹、麦麹、豆麹といいます。次に大豆を煮てやわらかくしたものに、麹、塩を混ぜて発酵させると完成です。使った麹によって米味噌、麦味噌、豆味噌などといいます。発酵期間によって色が違い、短いと白味噌、長いと赤味噌になります。

○豆板醤(トウバンジャン)

豆板醤は中国の調味料で、ソラマメ、大豆、米、大豆油、ごま油、塩、唐辛子などを混ぜて発酵させて作ります。辛みが特徴で麻婆豆腐や坦々麺などに欠かせません。甜麺醤(テンメンジャン)や朝鮮半島のコチュジャンも味噌の一種と考えてよいでしょう。

○醤油

醤油は味噌をさらに発酵させ、その水分をこし取ったものといえます。愛知県で使われる溜まり醤油は正しくそのようなものです。普通の醤油は濃い口醤油になりますが、薄口醤油というのは塩分を濃くして、少量で料理に塩味をつけるので料理の色が黒くならないのです。

○魚醤

普通の醤油は豆などの穀物で作るので穀醤(こくしょう)といいます。それに対して魚を使って作った醤油が魚醤です。魚醤はイワシ、ハタハタなどの小魚と塩を漬け込んで発酵させ、生じた水分をこし取ったものです。秋田のしょっつる、能登のいしり(いしる)、ベトナムのニョクマム、タイのナンプラーなどがあります。

○ウスターソース

イギリスで開発された調味料です。主原料は穀物酢に漬けて発酵させたタマネギです。それにニンニク、アンチョビ、各種スパイスが使われています。

○タバスコ

1865年にアメリカで発明された新しい調味料ですが、辛いソースとして世界中に広がっています。製法は、まるごとすり潰したタバスコペッパーをオーク樽（楢樽）に詰め、蓋をしたのちに塩をかぶせます。やがて発酵した液体が上げぶたに滲出し、塩が固まって樽が密封されます。そのまま約3年間熟成させたあと、酢を加えて辛さを調節し、さらに最大1カ月間ほど寝かせて完成します。

図9　発酵を利用したさまざまな調味料

味噌

豆板醤

ウスターソース

タバスコ

3-8
発酵嗜好品

嗜好品の世界でも発酵は活躍しています。ここではお酒以外の嗜好品を見てみましょう（図10)。

○紅茶

積んだままのお茶の葉を放置して発酵させたものが紅茶です。発酵の程度が少ないものはウーロン茶などになります。緑茶を放置しても紅茶にはなりません。

○コーヒー

コーヒーはコーヒーの木の果実の種（豆）を焙煎して抽出したものなので、発酵は用いていません。しかしコーヒーの最高級品といわれるコピ・ルアクは違います。これはジャコウネコが食べて消化しきれずに排泄されたコーヒー豆を焙煎したものです。この豆はネコ君の腸内で腸内細菌による発酵を受けているといいます。高価でおいしいという話です、お試しアレ。

○緑茶

日本人にとってお茶といえば緑茶ですが、緑茶は発酵製品ではありません。反対に摘んだお茶の葉を蒸すことによって発酵菌や酵素の働きを止めてあります。蒸した茶の葉を手で揉んで、成分を抽出しやすくしたのが緑茶であり、揉まずに臼で引いて粉末にしたのが抹茶です。

○タバコ

タバコの原料はタバコの木の葉です。葉を切り取って乾燥したあと、数週間から数カ月間保存して発酵させます。この葉を巻いたものが葉巻であり、刻んで紙巻にしたのが普通の紙巻タバコであり、刻んだものに香料を混ぜたものがパイプタバコになります。

○ナタデココ

スウィーツとして人気のナタデココですが、このイカ刺のような個体も発酵食品です。つまり、ココナッツの果汁に酢酸菌を混ぜて発酵させた際にできるゲル状の物質なのです。

○バニラ

ケーキに欠かせないのがバニラの香りです。バニラはバニラという長さ60mにもなる蔦状の木に成る長さ30cmほどの豆の中に入っている細かい種です。しかしそのままでは香りはありません。細長い豆を発酵させ、乾燥し、また湿気を与えて発酵し……という操作を何回も繰り返すことによって香りがでてきます。お菓子に用いるときには鞘と種子を一緒にして用います。

○東京葛饅頭

普通に葛饅頭(くずまんじゅう)といったら、葛の木の根から採ったデンプン、葛粉(くずこ)で作った饅頭です。しかし「東京葛饅頭」は違います。小麦粉にはグルテンというタンパク質が入っています。このグルテンを取りだして固めた食品が「麩」です。

そして残ったデンプンを「浮き粉」といいます。エビ餃子(ぎょうざ)の半透明の皮は浮き粉で作ってあります。この浮き粉を発酵させたもので、あんこを包んで蒸したのが東京葛饅頭なのです。普通の葛饅頭と食べ比べてみてください。

図10　発酵を利用したさまざまな嗜好品

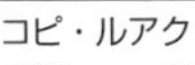
コピ・ルアク

ナタデココ

タバコ

バニラビーンズ

MEMO

第4章

動物性食品と発酵

動物性食品の主成分はタンパク質と油脂です。微生物はタンパク質を分解してアミノ酸にしてくれます。この結果、食品の旨みが増加し、消化も良くなります。これを利用したのがヨーグルトや生ハム、あるいは日本人の食卓に欠かせないかつお節や塩辛になるのです。

4-1

タンパク質とアミノ酸

動物の体を作っているのは筋肉と骨格です。骨格は硬すぎて食用にはならないので、食用になるのは筋肉部分です。筋肉部分を作るのはタンパク質です。

アミノ酸

タンパク質は前章で見た多糖類と同じように天然高分子の一種です。したがって簡単な構造の単位分子がたくさん結合した紐状の分子です。デンプンの単位分子はグルコースただ一種でした。

タンパク質を作る単位分子は**アミノ酸**です。ところがアミノ酸の種類はたくさんあります。人間の場合はちょうど20種類あります。この20種類のアミノ酸が適当な個数、適当な順序で並んだものがタンパク質なのです。ですからタンパク質の性質を理解するにはアミノ酸の構造と性質を理解する必要があります。

アミノ酸は1個の炭素Cに①適当な原子団（置換基）R、②水素H、③アミノ基NH_2、④カルボキシル基COOHが結合した分子です。このように互いに異なる4個の置換基が結合した炭素は一般に**不斉炭素**（ふせいたんそ）と呼ばれ、**光学異性体**を作ることが知られています。

光学異性体

光学異性体というのは図1でD体、L体として示したように、4個の置換基の立体関係が右手と左手の関係のように互いに鏡像関係にあるものをいいます。このように分子の立体関係が異なるものを互いに**異性体**といいます。

光学異性体は互いに異なる化合物ですが、2つの異性体は特殊な関係にあります。というのは、①化学的性質はまったく等しいという特徴があります。ただし②光学的性質と③生理的な性質はまったく異なるということです。

実験室でアミノ酸を合成すると一組の光学異性体、D体とL体の1：1混合物であるラセミ体ができます。そして、この両者を化学的に分離することはほとんど不可能です。しかし自然界に存在するアミノ酸は、植物でも動物でも菌類でも、ほとんどすべてがL体なのです。その理由は誰にもわかりません。

味の素

味の素はグルタミン酸というアミノ酸にナトリウムNaが結合した**グルタミン酸ナトリウム**です。ですからD体とL体があります。当初味の素は天然物のコンブから抽出していました。ですから100% L体です。しかしそれでは需要に追いつかないので、化学合成に切り替えました。この方法でできるL体は50%です。つまり、100gの味の素のうち、味があるのは半分の50gだけで、あとの50gに味はなかったのです。

しかし現在の味の素はサトウキビの搾りかすから微生物の発酵によって作っています。つまり天然の方法で作っているのです。したがって100% L体であり、すべてが旨みのもとになっているのです。発酵にはこのような工業的な利点もあるのです。

図1　光学異性体と味の素

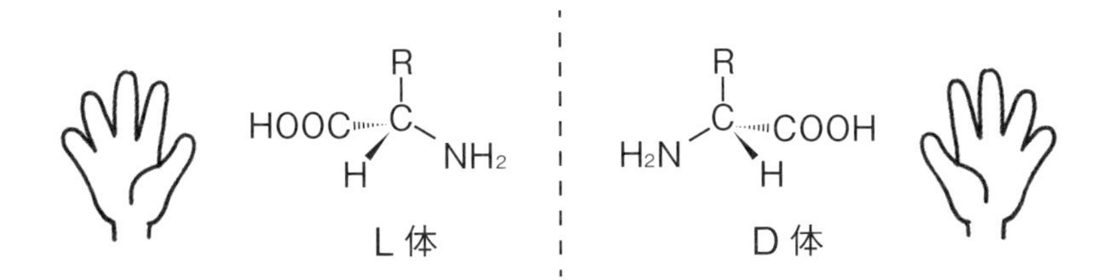

味の素（グルタミン酸ナトリウム）：$R=CH_2-CH_2-COONa$

結合 ―：紙面に載っている　▶：手前に飛びでている

┈：奥に引っ込んでいる

4-2 タンパク質の構造：ポリペプチド

タンパク質の構造は単純なようで複雑です。単純なのはアミノ酸の結合順序であり、複雑なのは立体構造です。

アミノ酸の結合：タンパク質の平面構造

アミノ酸のアミノ基NH_2とカルボキシル基COOHは図のように、水分子H_2Oを放出して結合することができます。

このように、2個の分子が水を外すことで結合することを一般に**脱水縮合反応**といいます。アミノ基とカルボキシル基の反応は特に**アミド化**といい、生成した結合はアミド結合といいます。しかし、アミノ酸の反応の場合だけ、この反応を**ペプチド化反応**、生成物を**ペプチド**と呼ぶことになっています。

この反応は次々と連続して、たくさんのアミノ酸がペプチド結合で連結することができます。2個のアミノ酸が結合したものを**ジペプチド**、たくさんのアミノ酸が結合してできたアミノ酸の高分子を**ポリペプチド**といいます。ポリペプチドはタンパク質の母体のようなもので、ここでは20種類のアミノ酸の結合順序が非常に大切であり、これを特に**タンパク質の一次構造**、あるいは**平面構造**といいます（図2）。

タンパク質の基礎的な立体構造：タンパク質の二次構造

ポリペプチドはタンパク質のための必要条件にすぎません。十分条件ではないのです。すなわち、ポリペプチド=タンパク質ではないのです。ポリペプチドの中のかぎられたエリートだけがタンパク質と呼ばれることができるのです。

そのための条件は**立体構造**です。タンパク質ではその立体構造が非常に重要な役割を演じます。タンパク質の立体構造は複雑です。それは二次構造から四次構造までの三段階に分けて考えることができます。

タンパク質の立体構造は単位立体構造の組み合わせと考えることができます。この単位立体構造を**二次構造**といい、**αヘリックス**と**βシート**の二種類があります（図3）。

αヘリックスはラセン構造であり、ポリペプチド鎖が右ネジの方向にねじれています。βシートはポリペプチドの部分鎖が縦に並んだ部分であり平面状になっています。ポリペプチドがこのような構造をとり、それを維持することができるのはアミノ酸の間に特殊な弱い結合、分子間力が働いているおかげです。

図2　タンパク質の平面構造

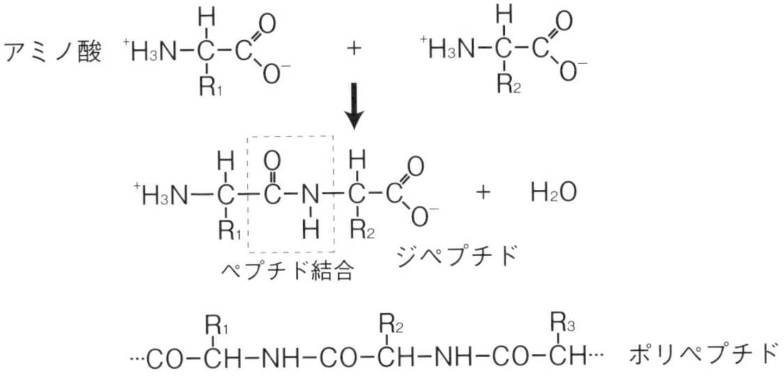

アミノ酸　$^{+}H_3N-CH(R_1)-COO^-$　＋　$^{+}H_3N-CH(R_2)-COO^-$

↓

$^{+}H_3N-CH(R_1)-CO-NH-CH(R_2)-COO^-$　＋　H_2O

ペプチド結合　ジペプチド

$\cdots CO-CH(R_1)-NH-CO-CH(R_2)-NH-CO-CH(R_3)\cdots$　ポリペプチド

図3　タンパク質の立体構造

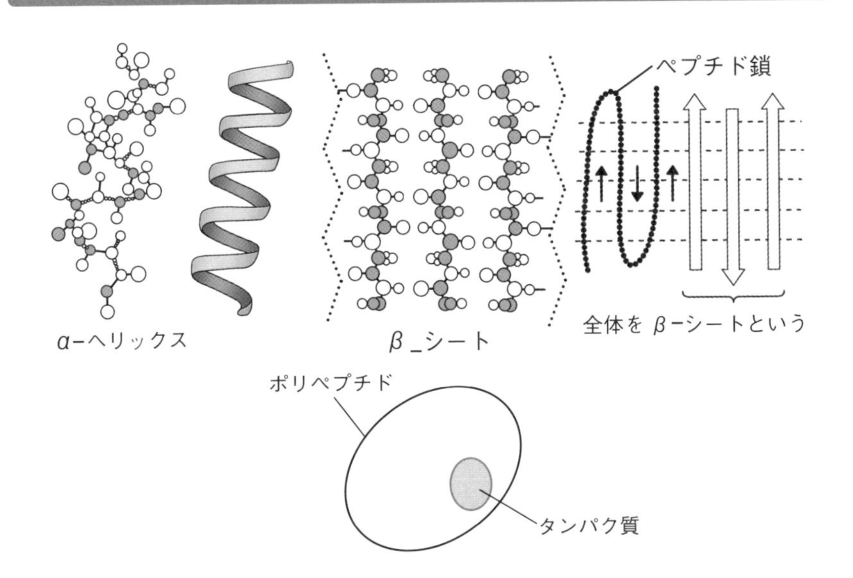

4-3

タンパク質の高次立体構造

タンパク質全体の立体構造は、いくつかのαヘリックス構造とβシート構造が連結することによってできています。

タンパク質の三次構造

二次構造の連結部分を**ランダムコイル**といいます。そして、この全体の立体構造を**タンパク質の三次構造**といいます（図4）。

タンパク質の四次構造

多くのタンパク質の立体構造はこの三次構造で完成です。しかし、さらに複雑な立体構造をもつものもあります。それが、哺乳類の赤血球中にある酸素運搬タンパク質である**ヘモグロビン**です。

ヘモグロビンは微妙に構造の異なった2種類のタンパク質が2個ずつ、合計4個のタンパク質が集まって高次構造体を作っています。もちろん構造体ですから、適当に4個集まったものとは違います。4個の単位タンパク質がきちんと一定の位置関係、方向を保って集合しているのです（図5）。

このように複数個の分子が集合して作る高次構造体を一般に**超分子**といいます。ヘモグロビンはタンパク質という高分子が作る超分子ということになります。

立体構造の間違い：狂牛病

1993年、イギリスで狂牛病という新しい病気が発見され大きな社会問題となりました。狂牛病にかかった牛は脳がスポンジ状になり、死んでしまいます。そしてこの牛を食べた人間、特に脳や骨髄を食べた人も同じ病気にかかって亡くなるというのです。

各国は危険な牛が輸入されないように厳重な監視体制を作り、肉牛の輸出入は激減しました。

原因は牛のタンパク質の立体構造が狂ったことでした。牛にはプリオンタンパク質という、タンパク質があります。牛の細胞膜中に存在するタンパク質ですが、その機能は明らかになっていません。このタンパク質の立体構造があるとき突然狂います。その理由は不明ですが、この狂った構造がほかのプリオンタンパク質に伝播し、これが病原になるというのです。狂ったのは立体構造だけであり、アミノ酸の結合順序であるタンパク質の一次構造に問題はなかったといいます。

幸い、各国の共同した防疫体制によって狂牛病は収束しましたが、タンパク質の立体構造がいかに大切かを思い知らされた事件でした。

図4　タンパク質の三次構造

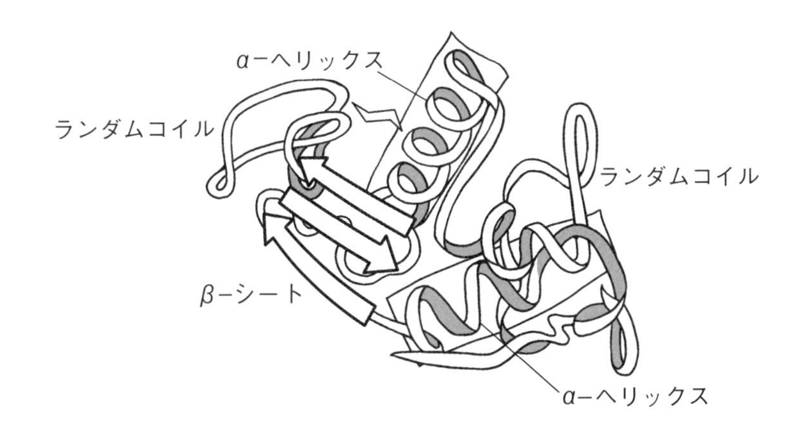

図5　タンパク質の四次構造

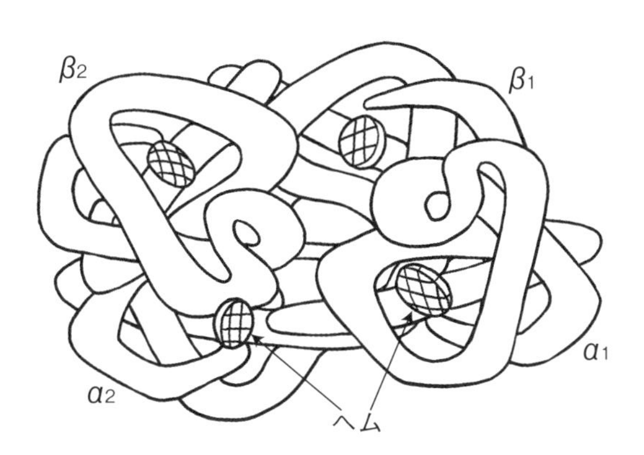

4-4

油脂の構造

動物がもっている主な栄養素はタンパク質と油脂です。油脂はエネルギー源であると同時に細胞膜の原料であり、生物に欠かせないものです。

油脂

食品に含まれる油脂は、常温で固体のものを脂肪、液体のものを脂肪油といいます。一般に哺乳類の油脂は個体であり、魚介類や植物は液体です。

油脂は１分子のグリセリンというアルコールと３分子の脂肪酸が結合したものです。この結合はアルコールのヒドロキシ基OHと脂肪酸のカルボキシル基が脱水縮合したのであり。このような結合を**エステル結合**といいます（図6）。

エステル結合は胃で簡単に分解されますから、どのような油脂を食べようと、胃の中ではグリセリンと**脂肪酸**になります。油脂の種類によって異なるのは脂肪酸の部分です。

脂肪酸

脂肪酸にはたくさんの種類があります。タイの油脂、牛肉、豚、大豆、菜種の油脂など、油脂の種類による違いはこの脂肪酸の組み合わせによって生じるものです。脂肪酸のうち、炭素数が5～12個のものを**中級脂肪酸**、それより少ないものを低級脂肪酸、多いものを**高級脂肪酸**と呼びます（図7）。

○飽和脂肪酸と不飽和脂肪酸

油脂の性質に大きく影響するのは脂肪酸の構造です。特に脂肪酸の炭水素だけでできたアルキル基部分が一重結合（飽和結合）だけでできた**飽和脂肪酸**か、二重結合、三重結合などの**不飽和脂肪酸化**によって油脂の性質は大きく影響されます。

哺乳類などの固体脂肪の脂肪酸は飽和脂肪酸であり、魚類、植物の液体油脂の脂肪酸は不飽和脂肪酸からできています。この二重結合の位置が問題であり、アルキル基の端から３番目（ω（オメガ）-3位）の炭素に二重結合がついている**ω-3脂肪酸**が健康や頭脳に良い？　という都市伝説が起こっているのはご存じのとおりです。EPAとか

DHAとかいわれる脂肪酸はみなω-3脂肪酸です。

◯硬化油

したがって液体油脂に水素を反応させて不飽和結合を飽和結合にすれば、サラダ油のような液体をラード（豚脂）やヘッド（牛脂）のような個体に換えることができます。このようなことによって工業的に作られた油脂がマーガリンやショートニングと呼ばれる固形油脂（硬化油）です。

図6　油脂の構造

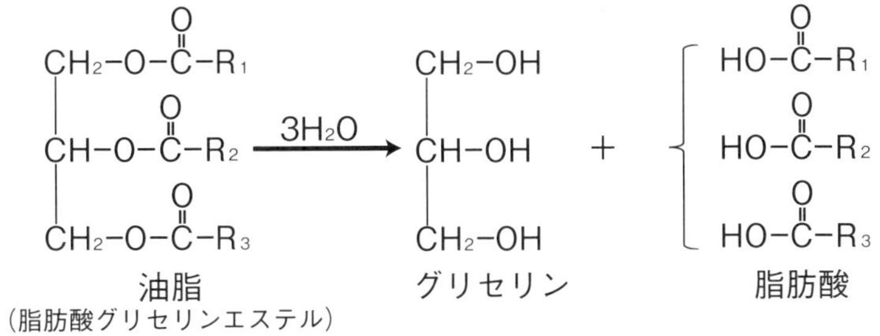

$$\begin{array}{l} CH_2-O-C(=O)-R_1 \\ | \\ CH-O-C(=O)-R_2 \\ | \\ CH_2-O-C(=O)-R_3 \end{array} \xrightarrow{3H_2O} \begin{array}{l} CH_2-OH \\ | \\ CH-OH \\ | \\ CH_2-OH \end{array} + \left\{ \begin{array}{l} HO-C(=O)-R_1 \\ HO-C(=O)-R_2 \\ HO-C(=O)-R_3 \end{array} \right.$$

油脂（脂肪酸グリセリンエステル）　グリセリン　脂肪酸

図7　脂肪酸の種類

	飽和脂肪酸		不飽和脂肪酸		
	名称	構造式	名称	構造式	二重結合数
低級	酢酸	CH_3COOH	アクリル酸	$CH_2=CHCOOH$	1
中級	カプロン酸	$C_5H_{11}COOH$	クロトン酸	$CH_3CH=CHCOOH$	1
	カプリル酸	$C_7H_{15}COOH$	ソルビン酸	C_5H_7COOH	2
	カプリン酸	$C_7H_{19}COOH$	ウンデシレン酸	$C_{10}H_{19}COOH$	1
	ラウリン酸	$C_{11}H_{23}COOH$			
高級脂肪酸	ミリスチン酸	$C_{13}H_{27}COOH$	オレイン酸	$C_{17}H_{30}COOH$	1
	ステアリン酸	$C_{17}H_{35}COOH$	EPA	$C_{19}H_{30}COOH$	5
	アラキン酸	$C_{19}H_{39}COOH$	DHA	$C_{21}H_{32}COOH$	6
	セロチン酸	$C_{25}H_{51}COOH$	プロピオル酸	C_2HCOOH	※
	ラクセル酸	$C_{31}H_{63}COOH$	ステアロール酸	$C_{18}H_{31}COOH$	※

※三重結合を含む

4-5
発酵魚介類食品

日本は四方を海に囲まれた海洋国です。魚介類が食品に占める範囲は大陸の外国に比べて多いといえるでしょう。それだけに魚介類の発酵食品もたくさんあります（図8）。

塩乾、日干し

海洋に棲んで水分の多い魚介類は長期保存が難しいです。このような魚介類を貯蔵するためには水分を除くことです。そのためには、塩を加えて浸透圧によって水分を細胞外にだす（**塩蔵**）か、炎天下で乾燥して水分を蒸発させる（**日干し**）かです。

新巻き鮭のような塩蔵品にしろ、アジの開きにしろ、生のサケや生のアジとは旨みが違います。これは塩蔵、日干しの間に微生物による発酵が起き、タンパク質が分解してアミノ酸になって旨みとなったことによります。ボラやナマコの卵巣を軽く塩水に漬けて乾燥したカラスミ、くちこもそのようなものです。

中国ではアワビ、ナマコ、サメのヒレなどを乾燥したあと、水で戻して調理しますが、これも乾燥によってアミノ酸が発生し、旨みが増すことを利用したものです。

日本が誇るダシのもとともいうべきかつお節は柵に取ったカツオを茹で、燻製にし、そのあとカビをつけて乾燥したもので、魚介類の究極の工業製品といってよいものでしょう。

塩蔵、乾燥によって旨みが増す典型はくさやの干物でしょう。これは伊豆諸島の特産品ですが、起源は藩政時代の酷政によるといいます。当時、伊豆諸島では年貢として塩を収めることになっていましたが、取り立てが厳しいので島民は塩を使うことが制限されました。

そこで、日干しにする魚に塩を振ることができず、塩水に潜らすだけにしていました。その塩水も倹約して何回も使ううちに、塩水で乳酸発酵が起き、おいしい味と、とんでもない悪臭が混在するとことになったといいます。

塩蔵

魚介類を塩漬けにする調理法です。典型的なものはイカの塩辛、カツオの酒盗、シオマネキのがん漬、アユのうるか、サケのめふんなどもこのようなものです。がん漬は小型カニのシオマネキを臼に入れて杵でつぶし、そこに塩を入れて貯蔵して発酵させたものです。

　アンチョビは小型のイワシ、カタクチイワシを開いて塩蔵したものです。

図8　魚介類の発酵食品の例

かつお節

アンチョビ

くさやの干物

アユのうるか

4-6
特殊な発酵魚介類

きつい匂いがあるとか、食中毒の危険性があるとかの、ちょっと変わった発酵魚介類を見てみましょう（図9）。

馴れずし

魚とご飯を同時に発酵させた食品で、飯鮨（いいずし）あるいは馴れ鮨といわれます。これは容器にご飯と麹を混ぜたものを敷きつめ、その上にフナなどの生の魚を並べ、その上にまたご飯と麹を置き、というように何層にも並べたものを数週間から数カ月保存したものです。ご飯が乳酸発酵し、その酸味が魚に移り、魚のほうも発酵してアミノ酸が発生するようになった鮨です。日本の鮨の原型といわれています。現在私たちが食べる鮨は速鮨（はやずし）といわれるもので、乳酸発酵の代わりに酢を用いているものです。

東北地方で作る飯鮨（いずし）は海産魚を用いて発酵期間は1～2週間で、ご飯も食べます。滋賀県で有名なフナ鮨は、フナだけを食べます。フナ鮨は匂いがきついことで有名です。

シュールストレミング

世界一臭い食べ物といわれるスウェーデンのシュールストレミングはニシンを塩漬けしたものの缶詰です。普通の缶詰を作るときには密閉した缶詰を加熱して内部を殺菌します。しかしシュールストレミングの場合には加熱も殺菌もしません。そのため缶詰の内部で発酵が進行し、その際生じる二酸化炭素の圧力によって缶は膨張します。

この缶詰を空けると中から発酵によって生じた臭い液体と、半ば液状化したニシンがガスとともに吹きでるという恐ろしい食べ物です。被害を少なくするには、水中で缶詰を空けるとよいといわれます。発酵が継続するため、食べるには食べごろがあり、7月に製造して9月に食べるのがオススメということです。コワイモノミタサで試すのもよいでしょうが、ヘタをすると室内が悲惨なことになりますから、注意が必要です。

熟れ鮓にしろ、シュールストレミングにしろ、これらを作る環境は嫌気性であり、嫌気性細菌であるボツリヌス菌に最適の環境です。ボツリヌス菌のだす毒素は、すべての毒素のなかでも最強クラスです。このような食品を食べるときには自家製ではなく、権威ある会社、機関で責任をもって作ったものを選ぶのが無難でしょう。

トラフグ卵巣の糠漬け

トラフグの卵巣は猛毒のテトロドトキシンをもつことで有名です。ところがそれを食べる地方があります。石川県能登地方です。卵巣を半年ほど塩漬けにしたあと、塩出しをし、さらに糠に1年ほど漬けると無毒化して食べることができるようになります。これは保健所の許可を得て市販されています。ただし、無毒化されるメカニズムは不明だそうです。乳酸発酵が影響しているのかもしれません。

図9　匂いのある発酵食品の例

フナ鮨

トラフグ卵巣の糠漬け

シュールストレミング

4-7

発酵獣肉製品

獣肉も発酵させて食べることがあります (図10)。

生ハム

ハムにはロースハム、ボンレスハムなどいろいろな種類がありますが、発酵を利用しているのは生ハムと中国ハムだけです。生ハムを作るには屠殺した豚の脚を切断し、血抜きをしたあと塩漬けにします。その後塩を水で洗い流したあと、温度と湿度を一定に調節した乾燥室に移動して吊るしておきます。

乾燥室の温度は半年ほどかけて低い温度から徐々に室温に上げて行き、その後2年から5年寝かせて完成です。その間に発酵と熟成が進むといいます。

中国ハムの製法も似ていますが、表面にカビを生やしながら熟成するのが特徴です。

ソーセージ

ソーセージにも発酵するものとしないものがあります。発酵ソーセージの作り方は、原料の挽肉に塩と発色剤の亜硝酸ナトリウム$NaNO_2$を混ぜて練り、腸詰にします。このあと冷暗所で保存して自然発酵させますが、乳酸菌などのスターターを加えることもあります。

発酵ソーセージは発酵期間が12～14週間と長いドライソーセージと、1～4週間のセミドライソーセージがあります。ドライソーセージの水分量は20～30%ですが、セミドライのほうは30～40%あります。

スペインには白カビで覆われた発酵ソーセージ「フエッ」があります。脂肉と発酵の風味が相まってコクがあるそうです。カマンベールチーズなどと同じように白カビは食べることができます。

アジアの発酵ソーセージ

タイには発酵ソーセージ「ネーム」があります。豚肉に食塩、ニンニク、唐辛子、炊いたもち米を入れ、常温で数日間乳酸発酵させます。乳酸によって酸性になり、雑菌の繁殖が抑制されます。食べるときには、通常は加熱しますが生食することもあるといいます。

ベトナムには「ネムチュア」があります。ネムは「春巻き」チュアは酸っぱいという意味であり、乳酸発酵の味を表す名前です。細くて小さいソーセージが1本ずつバナナの皮に包まれています。材料は豚の挽肉、唐辛子、ニンニクなどで、豚肉は加熱していません。

このほかに、日本の馴れ鮨の獣肉版とでもいうようなものもあります。中国では熟鮓(なれずし)といって、牛肉と豚肉をご飯と一緒に漬け込んだものがあります。そのまま食べるだけでなく、野菜などと一緒に炒めて食べます。

図10　発酵獣肉製品の例

フエッ

ネムチュア

出典：Wikipedia

4-8

発酵乳製品：ヨーグルト

牛乳は優れた食品ですが、その成分は水分が約88%、固形分が12%ほどです。固形分は、乳タンパクが3%、乳糖が5%、ビタミン、ミネラルが1%となっています。

ヨーグルトの歴史

牛乳を発酵させた食品として、日本で最も一般的なものはヨーグルトでしょう。ヨーグルトに使う原乳は牛乳が一般的ですが、そのほかにも水牛、馬、羊、ヤギ、ラクダなどいろいろな動物の乳が使われます。ヨーグルトの発生はおよそ7000年前とされます。生乳の入った容器に、天然に存在する乳酸菌が偶然入り込んだのが始まりと考えられます。

日本には仏教とともに伝えられ、「酪（らく）」の名前で寺院の中で利用されたといいます。ヨーグルトが、世界的に普及したのはここ100年ほどのことです。ブルガリア近辺に長寿者が多いのはヨーグルトを食べているおかげではないかと発表されたのがきっかけでした。

日本でヨーグルトが工業生産され、飲み物として一般に普及したのは太平洋戦争後であり、1950年に明治乳業から発売された「明治ハネーヨーグルト」が最初といわれます。

ヨーグルトの作り方と種類

ヨーグルトの基本的な作り方は、牛乳を沸騰させ、30度から45度程度に冷やします。ここに種菌または種となるヨーグルトを小量混ぜ、その後、30度から45度で一晩置きます。

乳酸発酵が進行すると乳酸菌が生産する乳酸によって乳が酸性となり、乳が固化します。この固化した部分がヨーグルトです。その上に透明な上澄み液ができますが、これは乳清、ホエーといい、飲み物としたり、料理に使ったりします。

具体的な発酵法には**前発酵法**と**後発酵法**があります。前発酵法は牛乳を大型のタンクで発酵させ、できたヨーグルトを容器に小分けします。後発酵法は牛乳を容器に入れたあとに発酵させます。

できあがった製品で見ると、プレーンヨーグルトは生乳や脱脂粉乳などの乳製品のみを用いたタイプです。ソフトヨーグルトは前発酵法で発酵させたあとに固体部分を破砕、撹拌して半流動性をもたせたものです。一方、ハードヨーグルトは後発酵法で作り、果肉などが加わるものもあります。ドリンクヨーグルトは前発酵のヨーグルトを細かく砕いて液状にしたものです。そのほかに動物乳を使わず、大豆の豆乳を原料としたヨーグルトもあります（図11）。

図11　さまざまなヨーグルト製品

4-9
発酵乳製品：クリーム、バター、チーズ

畜乳を発酵させた製品には、ヨーグルトのように乳全体を発酵させたもののほかに、乳の特定成分だけを分け取って発酵させたものもあります。発酵クリーム、発酵バター、発酵チーズなどです。

発酵クリーム

発酵クリームというのはクリームを発酵させたものです。クリームは、「乳から乳脂肪分以外の成分を除去し、乳脂肪分を18.0%以上にしたもの」と定められているとおり、脂肪分が多いものです。

クリームを作るには、精製していない乳を加熱殺菌したあと、放置、冷却すると上層にクリームが分離していきますからそれを取りだせばできあがりです。工業的には遠心分離機を用いて製造されます。

このクリームに乳酸菌を混ぜ、乳酸発酵させたものが発酵クリームです。生クリームのコクや香りと、乳酸発酵による酸味をあわせもっています。サラダドレッシングなどに使われるサワークリームは発酵が不十分な発酵クリームということができます。

発酵バター

クリームを激しく振とうすると、乳脂肪分が固体として遊離します。これを集めたものがバターです。バターの成分は80%ほどが脂肪分であり、ほかの大部分は水分です。100gのバターを作るには約5Lの牛乳が必要といわれます。

このバターを乳酸発酵させたものが**発酵バター**です。とはいうものの、近代までのバターには天然の乳酸菌が混入しており、したがってバターはすべて発酵バターでした。それが近代になって衛生設備が完備して初めて天然乳酸菌の混入しない無発酵バターを作ることができるようになった、というわけです。ところが日本に本格的なバターが根づいたのは近代以降なので、日本では無発酵バターが普通で、発酵バターは特殊という、逆転現象が起きたのです。

発酵チーズ

チーズの主な原料は乳の中にあるタンパク質の一種**カゼイン**です。カゼインには一分子中に水に溶ける親水性の部分と水に溶けない疎水性の部分があります。このような分子が集まって集団となって液体中に浮遊したのが乳です。

この乳に乳酸菌を加えてpHを酸性に変えたり、あるいはレンネットと呼ばれる凝乳酵素（ぎょうにゅうこうそ）を添加したりすると、カゼイン分子の親水性の部分が加水分解によって切り離されます。すると、カゼイン分子の疎水性部分は水溶液中に溶けていることができず、集合して固まることになります。これがチーズです（図12）。

チーズの主成分はタンパク質、と思いがちですが、実はチーズの成分で最も多いのは重量の30%ほどを占める脂肪で、タンパク質は20%ほどにすぎません。あと

図12　さまざまなチーズ

は4%ほどの糖分と、残りは水分です。

　このようにして作られたフレッシュチーズはそのまま食用になることもありますが、多くは加塩、熟成、微生物による発酵過程を経ることになります。

　チーズには1000種類以上もの種類があるといわれます。主なものを図13にまとめました。

図13　主なチーズの種類

ナチュラルチーズ	フレッシュチーズ	カッテージチーズ、モッツァレラ、クリームチーズなど
	白カビチーズ（ホワイトチーズ）	カマンベール、クロミエなど
	ウォッシュチーズ	エポワス、タレッジョなど
	ブルーチーズ（青カビチーズ）	ゴルゴンゾーラ、ババリアブルーなど
	シェーブルチーズ（山羊乳チーズ）	ブリンザ、ヴァランセなど
	半硬質チーズ（セミハードチーズ）	ゴーダ、フォンティーナなど
	硬質チーズ（ハードチーズ）	チェダー、エダムなど
非ナチュラルチーズ	プロセスチーズ	日本でなじみの6Pチーズやスライスチーズなど

第5章

醸造と発酵

グルコースに酵母を作用してアルコール発酵をするとアルコールと二酸化炭素になります。これを利用して作ったお酒が日本酒やワイン、ビールであり、一般に醸造酒と呼ばれます。そして醸造酒を蒸留してアルコール濃度を高めたものがウイスキー、ブランデー、焼酎などの蒸留酒です。

5-1
お酒とは

お酒はアルコールの一種であるエタノールCH_3CH_2OHを含んだ飲料です。世界中に多くの種類のお酒があり、多くの人々に楽しまれています。飲むと酔いが起こり、気分がよくなると同時に判断力が鈍くなり、いろいろな障害が起こることもあります。

お酒の作り方

お酒の作り方には大きく分けて二種類あります。1つは天然の方法で、これはグルコース（ブドウ糖）を酵母菌（イースト）によってアルコール発酵させる方法です。イーストは1分子のグルコース$C_6H_{12}O_2$を分解して2分子ずつの**エタノール**と二酸化炭素CO_2を発生します。

$$2C_6H_{12}O_6 \rightarrow 2CH_3CH_2OH + 2CO_2$$

もう1つはエタノールを工業的に合成し、それに水や香料を加えてお酒にする工業的な方法です。エタノールはエチレン$CH_2=CH_2$に水H_2Oを反応して作られます。

$$CH_2=CH_2 + H_2O \rightarrow CH_3CH_2OH$$

お酒の強さは含まれるエタノールの割合で表されますが、通常は体積パーセントを1％＝1度として表現されます。つまり15度のお酒1L（1000mL）中には150mLのエタノールが含まれているということです（図1）。

酔いと二日酔い

お酒を飲むと脳の麻痺が起こり酒酔い状態となります。酔いは脳の高位機能から始まるのでまず、判断力、集中力、抑止力が低下します。その結果、脳の低位機能、つまり本能的な機能が表にでるため、気が大きくなったり、行動が粗雑になって酩酊状態に至ります。

体内に入ったエタノールはアルコール酸化酵素によって酸化されてアセトアルデ

ヒドCH_3CHOになりますが、これは有毒物質であり、これが体内に残った状態が二日酔いです。アセトアルデヒドはアルデヒド酸化酵素によってさらに酸化されて無毒の酢酸CH_3COOHになり、最終的に二酸化炭素と水になります。

したがってアルデヒド酸化酵素がたくさんあれば、アセトアルデヒドはただちに酢酸になるので二日酔いになることはないのですが、酵素が少ないと二日酔いに悩まされることになります。酵素の量は遺伝によるといわれますので、ご両親がお酒に弱い方は自身も弱い可能性があります。

なお、エタノールに似たアルコールにメタノールCH_3OHがありますが、これは猛毒で、摂取するとまず視神経が害を受け、最終的に命を失いますので注意が必要です。外国では時折悪質な酒造業者が、酒税がかかって高価なエタノールの代わりに安価なメタノールを混ぜたニセ酒を販売し、大勢の中毒者をだす事件が起こることがあります。海外での飲酒には気をつけるべきでしょう。

図1　お酒の作り方

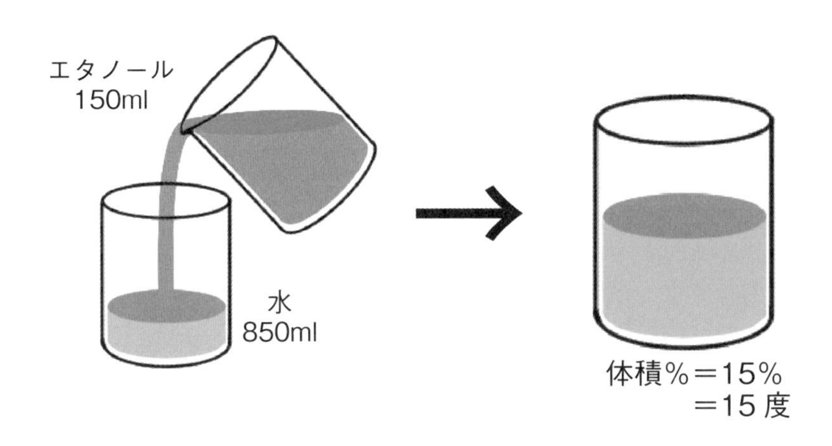

5-2 ワインと発酵

グルコースをアルコール発酵したお酒を醸造酒といいます。典型はワインです。ブドウは果皮に天然酵母が付着しているので、ブドウを貯蔵しておけば自然とワインになります。そのため、ワインの歴史は長く、たぶんお酒のなかで最古の歴史をもつものと考えられます。

ワインの作り方

ワインにはいろいろな種類があります。醸造法によって赤、白、ロゼがあります。シャンパンでよく知られる泡のでるワインは一般にスパークリングワインと呼ばれます。

発酵によってブドウの糖分がアルコールに変わりますが、この糖分がアルコールに変わる程度によって、辛口、甘口が決まります。すべての糖分をアルコールに変えてしまえば辛口のワインになり、糖分が残っているうちに発酵を止めれば甘口のワインになります。

ワインといえば、赤、白、ロゼですが、それぞれは作り方の違いです。

赤ワインの作り方はあっけないほど簡単です。ブドウの果実から果汁を搾り、果皮、種子とともにタンクに入れて発酵させます。発酵後、圧搾機にかけて果皮と種子を取り除き、樽またはタンクに詰めて時折、澱(おり)と呼ばれる沈殿物を取り除いて熟成すれば完成です。

白ワインは発酵前に果皮や種子を取り除きます。そのため、色がつきません。赤ワインと白ワインを混ぜればロゼになりそうですが、ヨーロッパではそのような作り方は禁止されています。ロゼワインの正式な作り方は次の三種です。

① 果皮とともに発酵を行い、ある程度色がついた段階で果皮を取り除く
② 赤ワイン用の黒ブドウの果汁だけで発酵を行う
③ 黒ブドウと白ブドウを混ぜて発酵を行う

特殊なワインの作り方

○シャンパンの作り方

一般に３気圧以上の圧力で二酸化炭素CO_2を封じ込めた発泡性のあるワインをスパークリングワインといいます。有名なシャンパンはフランスのシャンパーニュ地方で作られるワイン固有の名称です。

シャンパンの主な作り方は次の２つの方法があります。

①普通のワインをびんに詰め、糖分と酵母を加えて密閉し、ビン内で二次発酵を起こさせる

②普通のワインを大きなタンクに密閉して二次発酵を起こさせる

②の方法は短期間に大量に製品化できるので、コストを抑えることができます。

○フォーティファイドワインの作り方

ブドウの発酵中に、アルコール度数40度以上のブランデーやアルコールを添加して発酵を止めてしまったワインです。未発酵の糖分が残り、甘味やコクが残ります。一方、アルコール度数は加えたアルコールのせいで15〜22度程度まで高くなります。

スペインのシェリー、ポルトガルのポートワイン、そしてマデイラワインは、世界三大フォーティファイドワインと呼ばれています。

○貴腐ワイン

ブドウの果皮に貴腐菌という一種のカビが生えると、このカビが果皮のワックスを食べてしまい、ブドウは水分を失って干しブドウ状態になります。このブドウから得られる糖度の高い果汁を醸造したものが貴腐ワインです。ボルドーのソーテルヌなどが有名です

5-3

ビールと発酵

「とりあえずビールで！」といって注文されるビールは一般的で人気のあるお酒になっています。

ビールの作り方

ビールの原料は大麦です。麦に含まれる糖類はデンプンですから、酵母にアルコール発酵をさせるためには、デンプンを加水分解してグルコースに換えなければなりません（糖化）。この役目をするのが麦の若芽である麦芽（ばくが）に含まれる酵素です。酵素が作ったグルコースをアルコールに換えるのはおなじみの酵母です。

ビールの代表的な作り方は以下のようです。

①**麦芽作り**：大麦に水を含ませて発芽させたのち、熱風で乾燥させる。乾燥した麦芽を砕いて細かくする

②**糖化**：砕いた麦芽と米などの副原料と温水をタンクに入れ、適度な温度で、適当な時間保持すると、デンプンは加水分解されてグルコースに変化する

③**ホップ添加**：麦汁を濾過（ろか）してホップを加え、煮沸する。ホップはビールに苦味と香りをつけると同時に麦汁中のタンパク質を凝固分離させ、液を澄ませる働きをする

④**発酵**：麦汁を5℃程度に冷却し、これに酵母を加えて一週間ほど発酵させる。この段階のビールは若ビールと呼ばれ、まだビール本来の味、香りは十分ではない

上面発酵と下面発酵

室温で発酵すると酵母は盛んに二酸化炭素をだすので麦汁の上部に浮かぶので**上面発酵**といいます。液温を5℃に保つと酵母は麦汁の底に沈むので**下面発酵**といいます。

⑤**熟成**：若ビールを貯酒タンクで0℃くらいの低温で数十日間貯蔵すると、ビールは熟成されて、ビールの味と香りが生まれてくる

⑥**濾過**：熟成の終わったビールを濾過して完成

ビールの種類

○生ビール：普通のビールは酵母や雑菌の働きを止めるために加熱殺菌をしますが、加熱せず、フィルターで酵母を除いたものです。

○ラガービール・エールビール：下面発酵で作ったビールがラガービールです。日本の大手会社のビールはほとんどがラガービルです。それに対して、上面発酵で作ったビールをエールビールといいます。複雑な味がでるといいます。

○自然発酵ビール：その土地あるいは醸造所固有の酵母を用いたビールです。

○黒ビール：麦芽を高温で焙煎・乾燥して作った濃色麦芽を用いたビールです。カラメル臭やロースト臭が特徴です。日本の主要ビールメーカーも販売していますが、ビール全体に占める割合は1%程度といいます。

図2　さまざまなビール

使用する酵母や麦芽などによりさまざまなビールが誕生する

5-4

日本酒と発酵

日本酒は清酒とも呼ばれ、日本が誇るお酒ですが、作り方は非常に複雑です。原料の粳米(うるちまい)に含まれる糖分はデンプンですから、ビールの場合と同じようにグルコースに分解する（糖化）必要があります。グルコースをアルコール発酵するのは麹です。日本酒は糖化と発酵の過程が同時進行で進むのです。

日本酒の作り方

日本酒の作り方を簡単に見てみましょう。

①米を削って（磨いて）シンコだけにする（米の表面部分に含まれるタンパク質などの夾雑物(きょうざつぶつ)を除くため）。米の重量の何%が残ったかを精米歩合といい、歩合が低いほど高級酒となる。低いものは20%程度

②米を釜に入れて蒸す。

③できたご飯（蒸米）に麹菌を加えて米麹を作る

④米麹に、蒸米、水、酵母を加えて発酵させ、酒母(もと)を作る

⑤大きなタンクに酒母、水、蒸米を入れて醪(もろみ)とし、発酵させる。この段階を仕込みという

⑥発酵が終わったら醪を絞る

⑦酵母の活動を止めるため加熱（火入れ）する

⑧数カ月熟成して完成

日本酒の種類

日本酒は特別名称酒と普通酒に分けることができます。市中に出回っている日本酒の70%は普通酒です。

○普通酒

普通酒の条件は次の３条件のどれか１つに該当するということです。

①精米歩合が70%以上（米の70%以上を残す：磨き方が足りない）

②エタノールを10%以上加えている（普通酒のエタノール含有量は15%ですから、お酒からきているエタノールは5%未満、要するに1/3以下ということ）

③三等米（整粒歩合45%以上）を用いている。整粒歩合とは、形が整っている米粒の割合のことで、45%以下の米は規格外となる

特別名称酒の種類

普通酒よりいわゆる高級なお酒が特別名称酒ということになります。特別名称酒の種類を表に示しました。これには8種類あります（図3）。大きく分けて純米酒と本醸造酒に分けられます。違いはアルコールが加えられているかどうかです。

酔った頭では理解できません。素面のときに見てください。

図3　日本酒の種類

特定名称酒		使用原料	精米歩合	香味などの要件
純米酒	純米大吟醸酒	米、米麹	50%以下	吟醸造り、固有の香味、色沢が特に良好
	純米吟醸酒		60%以下	吟醸造り、固有の香味、色沢が特に良好
	特別純米酒		60%以下または特別な醸造方法	香味、色沢が特に良好
	純米酒		−	香味、色沢が良好
本醸造酒	大吟醸酒	米、米麹、醸造アルコール	50%以下	吟醸造り、固有の香味、色沢が良好
	吟醸酒		60%以下	吟醸造り、固有の香味、色沢が良好
	特別本醸造酒		60%以下または特別な醸造方法	香味、色沢が特に良好
	本醸造酒		70%以下	香味、色沢が良好

5-5

特殊な醸造酒

変わった原料、変わった作り方をするお酒もあります（図4）。

○馬乳酒

モンゴルで作る馬乳を原料にしたお酒です。馬乳には7%ほどの乳糖が含まれ、第３章で見たように、乳糖を分解するとグルコースができます。馬乳酒はこのグルコースを発酵させたものです。馬乳酒の度数は2～3度ですから、お酒とはいいにくいものですが、蒸留してアルコールにすると20～40度になるといいます。

○ハチミツ酒

ハチミツにはグルコースがタップリ含まれていますが、糖分が高すぎて酵母は生存できません。砂糖に殺菌作用があるのと同じです。そこでハチミツに水を加えて2～3倍に薄めて発酵させます。このお酒はミードと呼ばれ、度数は7～14と高いです。ワインより歴史が古く、1万年前から飲まれていたといいます。

○エジプトの伝統酒：ボウザ

古代エジプト時代に、パンを水に浸してビールにしたという話を地で行くようなお酒です。原料は小麦です。小麦の1/4は水に浸して発芽させ、麦芽とします。残りは荒く挽いて粉にし、水で練ってパン生地にし、軽く焼いてパンにします。パンと麦芽を水に混ぜて室温で1日発酵させたあと、粒子を濾して完成です。アルコール度数は4～5度といいますから、まさしくビールです。

○みりん

みりんは室町時代に日本で開発されたお酒といわれています。現在はもっぱら調味料として使われますが、戦国時代には上流階級の飲み物だったそうです。

みりんはお酒を使って作ります。精米歩合85%ほどのもち米を蒸したものと米麹、水を容器に入れ2カ月ほど熟成させます。みりん作りでは酵母を用いないのでアルコール発酵は起こりません。麹によってデンプンがグルコースに、タンパク質がアミノ酸に変化します。そのため、甘味と旨みがでてくるのです。

○白酒

雛祭りなどでだされるお酒です。みりんや焼酎に蒸したもち米と米麹を仕込んで1カ月ほど熟成させて作ります。9%ほどのアルコール分が含まれます。甘酒と混同されますが、甘酒と白酒は異なるものです。

甘酒はおかゆに米麹を加えて発酵させてもので、デンプンがグルコースになることによって甘味がでますが、酵母はないのでアルコール発酵は起こらず、したがってアルコール度数は0です。ただし甘酒の中には酒粕を水で溶き、砂糖を加えたものもあり、この場合に若干のアルコールが入っています。

図4　世界の変わった醸造酒

馬乳酒

白酒

ハチミツ酒

出典：Wikipedia（馬乳酒・ハチミツ酒）

5-6
蒸留酒

醸造酒を蒸留してアルコール分を高めたものを蒸留酒といいます。アルコール度数は原理的に100度まで可能ですが、こうなるとエタノールそのもので、お酒とは呼ばないでしょう。

○ブランデー

白ワインを蒸留したものです。現代的な精密蒸留をしたら100%エタノールになってしまいますから、いかにして不完全蒸留にし、不純物を取り込むかが技術ということになります。

蒸留したブランデーはオーク（樫）の樽に入れて熟成します。フランスのコニャック地方で作られるコニャックでは、熟成期間の長さによって図5のような名前がつけられています。ナポレオンクラスで最低7年は寝かせるそうです。

○ウイスキー

ウイスキーの原料はビールと同じ大麦です。醸造過程はビールと同様です。まず麦芽を作りますが、これを乾燥するのにイギリス特産の低質石炭である泥炭（ピート）を使います。そのため、麦芽にピートの燻煙臭がつき、ウイスキーの最大の特徴が決まります。

この麦芽と砕いた大麦、温水、酵母を混ぜて発酵するとアルコール度数7度ほどの醪（もろみ）ができます。これを濾過して液体部分を蒸留すればウイスキー原液の完成です。これを樽に入れて適当に熟成すればウイスキーのできあがりとなります。

ウイスキーの種類は以下のようです。

· **モルトウイスキー**：大麦の麦芽だけで作ったもの
· **シングルモルト**：単一醸造所のモルトウイスキーだけで作ったもの
· **グレーンウイスキー**：大麦以外の原料を用いたもの
· **ブレンデッド**：モルトウイスキーとグレーンウイスキーを混ぜたもの
· **スコッチウイスキー**：イギリス・スコットランドで作ったウイスキー
· **バーボンウイスキー**：アメリカで作ったウイスキー。大麦のほか、ライ麦、とうも

ろこしなどを原料とする

○ウォッカ

「ロシアにウォッカという酒しかないのは世界の七不思議」といわれるくらい、程度の低いお酒といわれるウォッカですが、私は非常においしいお酒と思います。ウォッカの原料は決まっていません。大麦、小麦、ライ麦はもとより、ジャガイモでもよい、何でもこいです。

作り方は単純豪快、原料を煮て濾過してデンプン汁を作り、これに酵母を加えれば終わり。醪を絞って原液を作り、これを蒸留します。アルコール度数はお好み次第です。

最後に待っているのが、白樺の木炭で濾過して不純物を除く工程です。この結果待っているのは純粋アルコールの水溶液のハズなのですが、不思議なおいしさが醸しだされているのが「芸術の国ロシア」の奇跡なのかもしれません。ウォッカは病みつきになります。ご注意を！

図5　ブランデー（コニャック）の呼び方

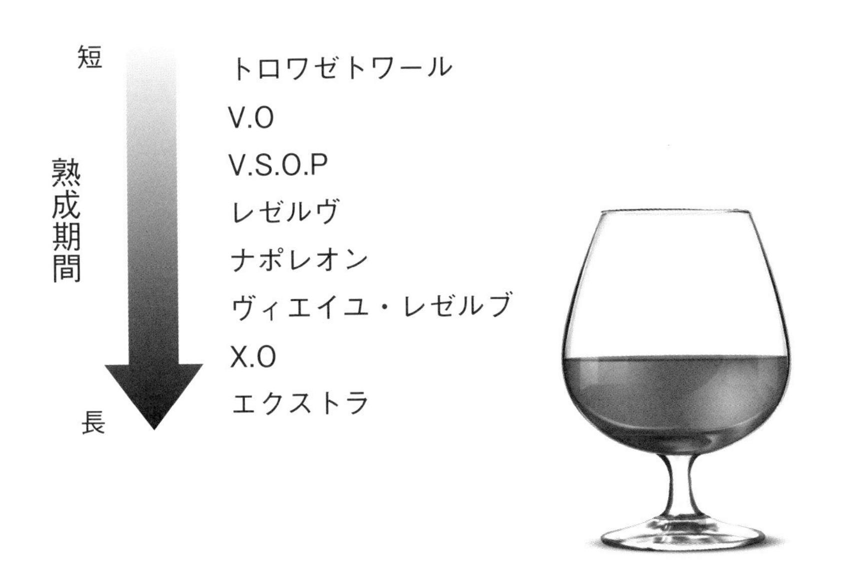

5-7 特殊な蒸留酒

人間は工夫する動物です。お酒は最も工夫のしがいのあるものなのでしょう。いろいろなお酒が考案されています。

茅台酒（マオタイチュウ）

マオタイチュウは中国の国酒とされ、国家行事としての宴席で乾杯に使われます（図6）。

茅台酒の原料は中国の主食にあたる高粱（コウリャン）や黍（キビ）であり、特殊なものではありません。特殊なのは作り方です。茅台酒は固体発酵という方法で作られます。多くのお酒は原料穀物に大量の水を加え、液体の状態で発酵させますがこれを**液体発酵**といいます。それに対して固体発酵は蒸した原料に麹と酵母だけを加えて、いわばご飯状態で発酵させるものです。

茅台酒は砕いた高粱と粒のままの高粱を混ぜ合わせたものを蒸して冷やします。ここに大麦、エンドウなどの粉を水で練り固めて作った大华（だいきょく）といわれる麹と酵母の混合物を粉にして混ぜ、少量の温水を加えてかめに仕込み、穴蔵に入れて固体の状態で1カ月ほど発酵熟成させます。

1カ月後、穴蔵から取りだして蒸籠（セイロウ）に入れ、下窯から水蒸気を通して水蒸気蒸留します。このようにして得たお酒を3年ほど寝かせて熟成したものが茅台酒になるのです。アルコール度数はいろいろですが、現在市販されているものは40度ほどです。

焼酎

日本を代表する蒸留酒ですが、日本酒を蒸留したのが焼酎であるとはいえません。

日本酒は米と麹と酵母で作った醪を絞れば完成です。しかし焼酎の場合には、醪に一次醪と二次醪の二種類があります。そして焼酎には麦焼酎、芋焼酎など、原料による違いがありますが、いずれの焼酎でも、一次醪はすべて同じく蒸した米と米麹と酵母で作ります。違いは二次醪にあります。

一次醪に主原料と水を加え、8～10日間発酵させて二次醪を作ります。このとき投入した主原料が焼酎の冠表示になります。すなわち主原料にサツマイモを使うと「芋焼酎」となるのです。このようにして作った二次醪を絞って蒸留したものが焼酎となります。

焼酎は甲類と乙類に分けられます。甲類は二次醪を絞って得た液体を、現代式の連続蒸留で蒸留します。理論的にアルコール濃度は95度までいきますが、それに水を加えて濃度を落とし、36度以下とします。原理的には純水アルコールの水割りですから、材料の風味はありません。梅酒などのリキュールの原料にします。

それに対して乙類は二次醪から得た液体を単式蒸留で蒸留します。蒸留の精度が悪いので、原料の風味が残ります。アルコール度数は45度以下と定められています。

沖縄の焼酎、泡盛は米を主原料とした乙類焼酎ですが、普通の米焼酎とは違った点があります。それはすべての米を麹にして、一度に酵母と混ぜて発酵させる（全段仕込み）ということです。泡盛は貯蔵して熟成させると風味が増すといわれ、古酒（クース）といわれるものは3年以上の熟成が条件ですが、長いものは100年に近い古酒もあるといいます。

図6　茅台酒

出典：Wikipedia

5-8
リキュール

蒸留酒に果実などを漬け、成分を抽出したお酒をリキュールといいます。梅酒は典型的なものです。

植物系

花や果実をつけたもので、種類はいくらでもあります。

○フローリスト：色とりどりの花が瓶の中に入っています。

○アブサン：ニガヨモギを中心にしたリキュールです。砂糖を加えるなど、独特の飲み方があります。

○コーヒーリキュール：コーヒーのリキュールです。

○屠蘇：屠蘇散という漢方薬を焼酎やみりんに漬けた薬用酒です。日本ではお正月に縁起物として飲みます。

○朝鮮人参酒：朝鮮人参をつけたものです。疲労強壮から不整脈、さらには精神安定など、何にでも効くといわれます。

動物系

○ヒレ酒：フグのヒレを乾燥したものを軽くあぶって熱燗のお酒に浸したものです。効用はともかくおいしいのでオススメです。

○アマゴ酒：アマゴ、イワナなどの渓流魚を焼いたものに熱燗のお酒を注いだものです。絶対においしいので是非ドーゾ！

○毒蛇酒：マムシ、ハブなどの毒蛇を漬け込んだものです。作り方は生きたヘビを瓶に入れ、しばらく生かして老廃物を排泄し終わった頃に焼酎などの強いお酒を入れて漬け込みます（図7左）。

毒蛇の毒はどうなるのでしょう？　毒蛇の毒はタンパク毒です。タンパク質の立体構造はデリケートで、熱はもとより、酸、塩基、アルコールなどで変形してしまいます。これを**変性**といいます。変性したタンパク質にはもとの性質はありません。ですから（たぶん）飲んでも大丈夫なのでしょう。しかし、変性に要する時間などの科学的データはありません。それに効用に関する医学的データもありません。すべては自己責任でドーゾ！ ということです。オキヲツケテ！

◯蜂酒、蠍酒：ハチやサソリを焼酎に漬けたものです。姿を見ればキキソウですが、効果のほどはワカリマセン（図7右）。

◯冬虫夏草酒（とうちゅうかそう）：冬虫夏草というのはセミなどの幼虫にキノコが寄生し、蛹（さなぎ）の頭からキノコが生えているという不気味な生物です。こんなもの、見つけるのも大変と思いますが、運よく？ 見つけた人は何とかしたい？ と思うのでしょう。酒につけたのが冬虫夏草酒です。たぶん万病に効くのでしょう。効かなかったらセミ君がかわいそうです。最近、冬虫夏草の人工飼育を始めた人がいるとかの話を聞いたことがあります。そのうち、テレビに宣伝がでるかもしれません。

図7 動物系リキュールの例

ヘビ酒

蠍酒

5-9

酢

お寿司や膾の調味料として欠かせないのが酢（食酢）です（図8）。酢は重要な発酵食品ですが、お酒を酢酸発酵して作るものですし、新たに章を構えるほどの内容もない（失礼）ものですので、ここでご紹介しようと思います。

食酢とは

酢は穀物や果実を原料にした醸造酒を、酢酸菌で酢酸発酵して作ります。酢酸以外に、乳酸、コハク酸、リンゴ酸、クエン酸などの有機酸類やアミノ酸、エステル類、アルコール類、糖類などを含むことがあります。

作り方は穀物や果実を酵母でアルコール発酵させて醪を作り、そこに酢酸菌を添加して酢酸発酵をさせます。そのまま放置する表面発酵では酢酸濃度が 4～6%程度になり、通気撹拌させる「深部通気発酵」では酸度が5～20%になります。

種類

○穀物酢：穀物の使用量が40g/L以上のもの

・米酢：米で作ったもの。

・米黒酢：米（糠を完全に取っていないもの）の使用量が180g/L以上であり、褐色または黒褐色をしたもの。小麦、大麦を含んだものもあります。

・黒酢（香醋ともいいます）：もち米にモミ殻を加えて発酵させたものです。健康食品として流通しているようです。

・粕酢：酒粕を原料とした酢。その色から赤酢とも呼ばれます。かつては握り寿司の酢飯の材料として一般的でしたが、戦後の物資不足と黄変米事件が原因で、あまり一般には流通しなくなりました。

・大麦黒酢：大麦のみを使用したもの。色は褐色または黒褐色。麦芽酢。モルトビネガー。

・ハトムギ酢：ハトムギから作ったもので、健康食品として流通。

・きび酢：サトウキビを原料とした酢。鹿児島県奄美地方で作られます。カリウムがきわめて少なく、ミネラルを豊富に含みます。また、ほかの酢に含まれないビタミンCを含みます。

○果実酢：果実の搾汁の使用量が300g/L以上のもの。

・リンゴ酢：リンゴで作ったもの。シードルビネガー。

・ブドウ酢：ブドウで作ったもの。ワインビネガー。

・バルサミコ酢：イタリア産の高級ブドウ酢。

・柿酢：熟した柿の実をつぶし、放置して自然発酵させたもの。

図8 酢とその利用

さまざまな酢

酢を利用した酢飯と寿司の握り

MEMO

発酵と健康

私たちの体はおよそ37兆個の細胞からできています。ところが私たちの体外、体内に共生している微生物の個数は約100兆個といいます。この微生物の多くは私たちの腸に棲んでおり、食品の消化吸収に大きな影響を与えているのです。健康で暮らしたいと思ったら、微生物君たちと仲良くすることです。

6-1

微生物（大腸菌）と人間の関係

微生物の大きさが長さ、幅とも1μm程度の大きさなのに比べて、人間の大きさは長さ（高さ）1.5m、幅と厚さが0.5mほどの大きさになります。つまり長さで1000×1000×1.5倍、幅と厚さが1000×1000×0.5倍です。したがって、その体積比はざっと計算しても天文学的な差になります。

微生物の数

ところで、微生物は人間のあらゆるところに棲みついています。いくら朝シャン夜シャンで鍛えても、その体のあらゆるところには微生物君がシッカリ棲みついているのです。

しかし、微生物と哺乳類のような人間を比較する場合に有効な相違は、微生物は**単細胞生物**といって、1個の細胞からできているのに対して、哺乳類など多くの生物は**多細胞生物**といって、多種類、多数個の細胞からできているということです。

私たち人類を構成する細胞の個数は、以前はおよそ60兆個といわれていましたが、現在はそれほど多くはなく、およそ37兆個といわれています。その私たちに引っついている微生物君たちの個数はどれくらいと思うでしょう？　何と、100兆個！ なのだそうです。私たちの生体本体を構成する細胞の個数より私たちが飼っている？ 微生物の細胞の個数のほうが3倍近くも多いのだそうです。

これは私にとっても衝撃でした。しかし、生物学の権威のいうことですから、間違いはないでしょう。たぶん、人間と微生物の間で、1個1個の細胞の大きさが違うことに起因することではないのでしょうか？

微生物の棲み処

これだけの微生物はいったい私たちの体のどこに潜んでいるのでしょう？　皮膚？ 頭髪の隙間？ 指の間？ 爪の間？ 口？ 喉？ オチンチン？ でしょうか？

それもあるでしょうが、もちろん大部分は私たちの腸内です（図1）。人の腸内には種類で数千種類、個数で100兆個以上の細菌が存在するといわれます。ウンチはこのような微生物の残骸でもあるのです。腸内に棲む微生物の量は重量にして1.5

～2kgになるといいます。体重の2～3%です。とんでもない量です。これだけの体重をダイエットで落とそうとしたら、相当な努力をする必要があります。

これらの細菌は腸内の適当なところに引っかかっているわけではなく、種類によって腸内の特定の箇所にキチンと棲みついているといいます。この集団のことを**腸内フローラ**（**腸内細菌叢**〈さいきんそう〉）というのです。

図1　細菌が棲む人体の場所

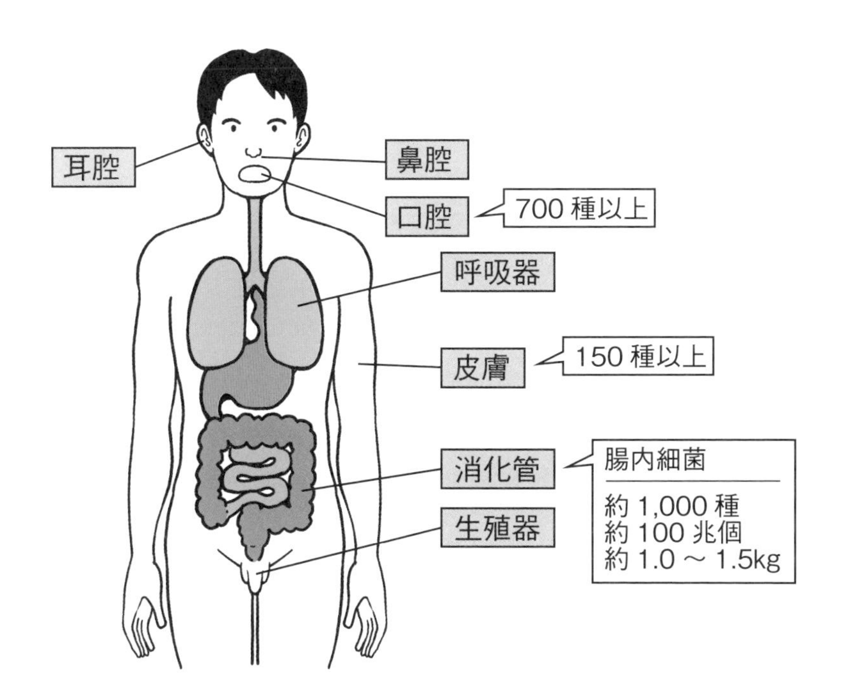

6-2
腸内フローラ

微生物はどのようにして腸内の棲みやすいところを見つけているのでしょうか？

胃と微生物

私たちが食物を食べると、それは口で咀嚼されたあと、食道を通って胃に送られます。そして胃で消化されたあと、小腸（十二指腸、空腸、回腸）から大腸（結腸、盲腸、直腸）へ運ばれます。

胃では胃酸（塩酸HCl）という強い酸が分泌されるため、酸性度が高く（pHが低い）、細菌が生存する確率は低くなります。細菌も消化されてしまうのです。そのような強い酸があるにもかかわらず、胃そのものが消化されてしまわないのは、胃の表面が粘膜で覆われているからです。粘膜は細胞ではないので、消化されても次から次へ新しい粘膜が分泌されてきます。

このような結果、胃では内容物1gあたり、10個程度の細菌しか見つからないといいます。ほとんど無菌状態といってよいでしょう。

小腸と微生物

細菌には酸素が好きな**好気性菌**と、酸素が嫌いな**嫌気性菌**があります。1000種以上ある腸内細菌の大部分は嫌気性菌です。嫌気性菌といっても、すべてが空気（酸素）に弱いわけではありません。**偏性嫌気菌**は酸素に弱いですが、**通気性嫌気菌**は少々の空気だったらあったほうが、成長が良いことが知られています。

食物が小腸に入ると微生物の個数は急激に増えます。十二指腸近辺では食物と一緒に飲み込まれた空気（酸素）があるため、乳酸菌など酸素に耐性をもつ通性嫌気性菌が優勢です。

このようなことによって微生物の個数は1gあたり、十二指腸、空腸＝千～1万個、回腸＝数千万～数億個になります（図2）。

大腸と微生物

しかし、長い小腸を通り抜けて大腸になると酸素はほとんどなくなるため、酸素に耐性のないビフィズス菌のような偏性嫌気性菌が増えてきます。このようなことがあり、腸内フローラを構成する細菌は最終的に30〜40種類に絞られるといいます。大腸での微生物の個数は1gあたり100億〜1000億個という膨大な個数になるといいます。

図2　消化器の構造と細菌の生息数

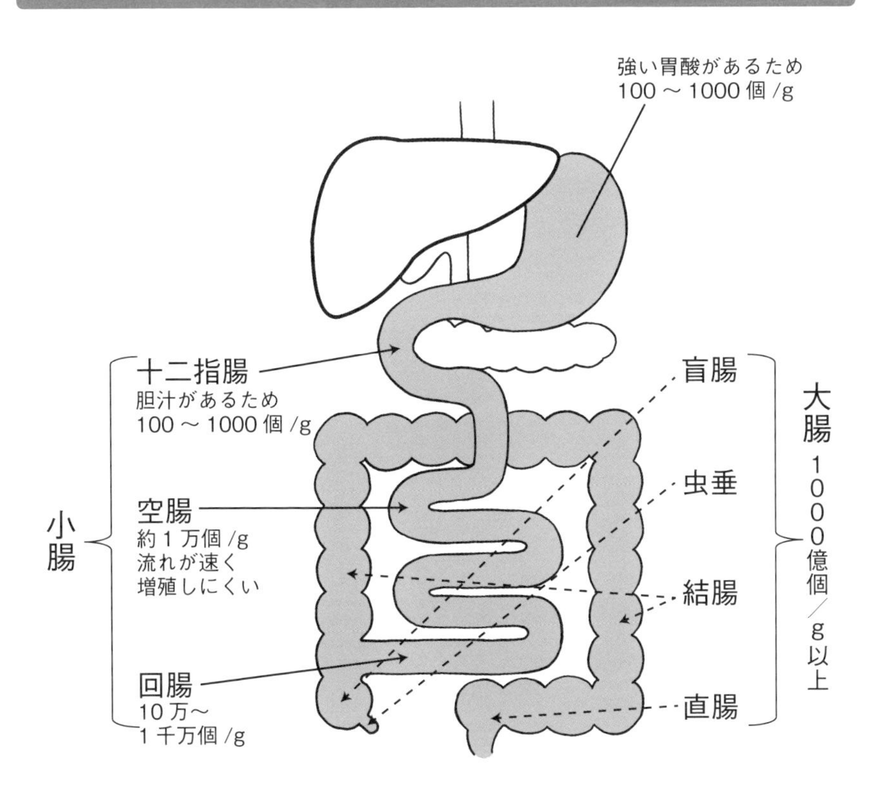

6-3

人の成長と腸内細菌

人は卵子と精子が受精によって合体して胚細胞となり、その後細胞分裂を繰り返した増殖の結果できあがったものです。このような増殖の過程に別個の生命体が発生する余地はありません。微生物は私たちの胚細胞から発生したものであることはありえません。それでは体に棲みつく微生物はどこから侵入してきたのでしょう？

腸内フローラの変遷

生まれたばかりの赤ちゃんには微生物は棲んでいません。生まれた赤ちゃんがお母さんの体内から空気中にでたとたんに皮膚のあらゆるところに微生物が接着し、空気中の微生物が口や鼻を通って気管や肺に侵入し、増殖を始めます。

おっぱいを飲めばお母さんの乳房についていた微生物が口から胃に入り、そのあと腸内全域に広がって増殖を始めることになります。このようにして無菌で生まれた赤ちゃんもやがて微生物だらけの体に変化してゆくのです。

幼児期は**ビフィドバクテリウム属（ビフィズス菌）**が優勢であり、腸内フローラは安定しています。しかし、離乳期になって固形物を食べるようになると**バクテロイデス属**や**ユーバクテリウム属**が増加します。そして中年期を過ぎるとビフィズス菌が減少して代わりに**ウェルシュ菌**が増加します。

ビフィズス菌とウェルシュ菌

ビフィズス菌は一般に乳酸菌と呼ばれるものの一種であり、大腸で乳酸と酢酸を分泌し、腸内の環境を整えてくれます。したがって私たちの健康に役立ってくれる微生物です。

しかし**ウェルシュ菌**は一般に腐敗菌と呼ばれる細菌の一種であり、タンパク質が分解して生じたアミノ酸$RCH(NH_2)COOH$からアンモニアNH_3、アミン$R\text{-}NH_2$、あるいはフェノールC_6H_5OHなどの有害物質を生成します（図3）。

腸内の老化はウェルシュ菌の増加とイコールであり、ウェルシュ菌によって体内で処理できない量の有害物質が生産されると全身に悪影響が及び、体全体の老化に発展することになります。

図3　ビフィズス菌とウェルシュ菌

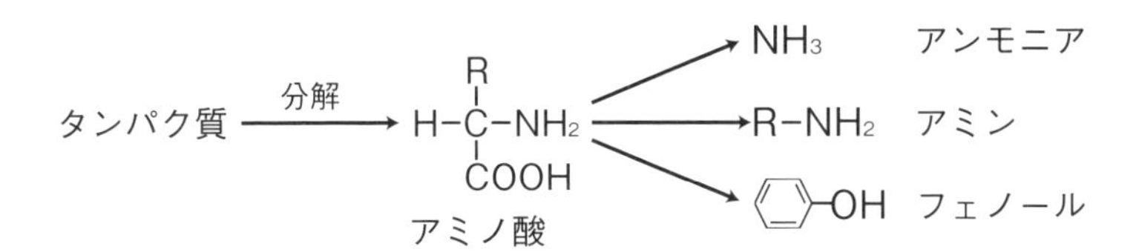

ビフィズス菌

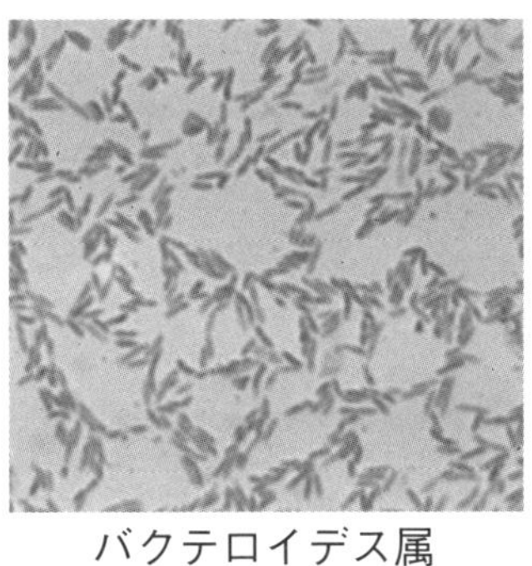

バクテロイデス属

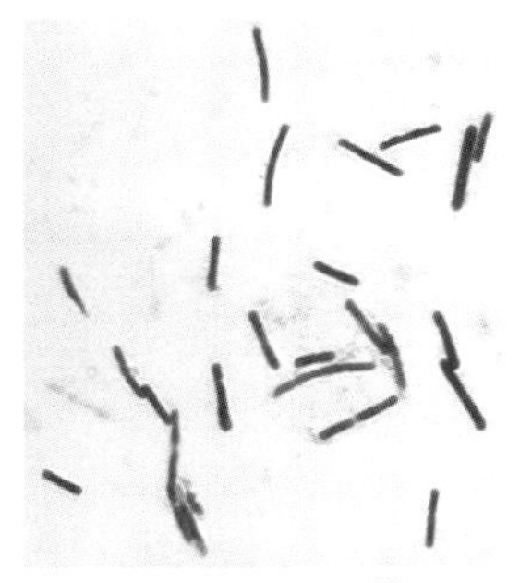

ウェルシュ菌

出典：Wikipedia

6-4
発酵と腸内環境

私たちは毎日食事を摂り、それを代謝して体を作る栄養素を摂取し、体を動かすエネルギーを生産し、不要となった食物残渣(ざんさ)や体の老廃物を便として排泄します。このような大切な働きをするのは主に腸です。腸がどのような状態にいるかを腸内環境といいます。

腸内環境とは

便には腸の状態を知らせる情報がたくさん詰まっています。便の成分は80%が水であり、水以外は「食べ物のカス」、「はがれた腸粘膜」、「腸内細菌」です。その細菌の種類は人によって異なります。

腸内環境は、腸に棲みついている約1,000種類、約100兆個もあるといわれる腸内細菌によって左右されます。腸内細菌には3種類あります。①人に良い影響を与える**善玉菌**、②人に悪い影響を与える**悪玉菌**、そして③善玉菌と悪玉菌のうち優勢なほうへなびいて働く**日和見菌**(ひよりみきん)です。腸内環境はこれら3つの腸内細菌のバランスで決まり、腸内の健康状態は日々変わっていきます(図4)。

腸内環境が悪くなると「お腹が不調」になります。悪玉菌が優勢なときは、大腸で便が滞るようになります。これが便秘です。悪玉菌の優勢はまた、下痢になってしまうこともあります。

便秘や下痢は、腸内環境が悪い事を表すシグナルです。このようなとき、腸内ではさらに悪玉菌が活発に働き、アンモニアやアミンなどの腐敗物や有毒ガスが発生します。これは臭いおならや便の原因になるだけでなく、腸から吸収されて全身に回ってしまいます。やがて皮膚から皮脂や汗に混じって排出され、肌荒れの原因にもなります。

腸内環境と微生物

腸内環境を整える方法で大切なのは善玉菌を増やすことです。腸の状態が良くなると悪玉菌は棲みづらくなり、反対に善玉菌はますます活動的になります。

善玉菌を増やすのに有効な方法は「乳酸菌を摂取する」ことです。乳酸菌は善玉菌の一種で、糖類を分解して乳酸を作りだします。この乳酸菌を摂取することは、腸内の善玉菌に援軍を送ることになります。そして、この乳酸菌を元気にする方法が「発酵食品」の摂取です。

発酵食品では、乳酸菌や麹菌などの微生物によって食品のもつタンパク質や糖などが分解されて、おいしくて消化に良い状態になっています。つまり、体内に入る時点ですでに消化の下準備が整えられているため、人間の体内に入ってからの消化に必要な、エネルギーや消化酵素が少量ですむのです。発酵食品を摂ることで体内の酵素を無駄づかいせず、健康な体を作ることができます。

図４　腸内環境と腸内細菌の関係

ビフィズス菌や乳酸菌など

・悪玉菌や病原菌の増殖を抑え、免疫を高める
・腸の蠕動運動を活発にする
・食べ物の消化・吸収を促進する
・ビタミンを産生する

大腸菌（○毒株）、連鎖球菌など

善玉菌が多いときや健康なときはおとなしく、悪玉菌が多くなったり、体が弱ったりすると、悪玉菌と一緒になって有害な物質を作る

大腸菌（○毒株）、ブドウ球菌などの腐敗菌

腸内環境を悪化させ、
・炎症を引き起こしたり、発がん性物質を作る有害物質を作る
・免疫力が低下し、病原菌に感染しやすくする

6-5
発酵と免疫力

新型コロナウイルスなど各種の疾病への対策として免疫力が注目されています。免疫力を高めるには腸の健康を保ち、腸内の善玉菌を増やすことが大切です。発酵食品は腸内環境を改善し、免疫力向上の効果が期待できます。

免疫と腸内フローラ

腸は私たちの体を病原菌やウイルスから守る、**免疫**の一大基地です。腸には体内の免疫細胞のおよそ6割が集中し、腸管免疫という免疫システムを構成しています。腸管免疫は、病原体の発見や情報伝達、病原体そのものへの攻撃などの役割を果たしています。腸内環境が悪くなると腸管免疫の機能が弱まってしまい、病原菌が体内で増殖を始めます。

免疫力を強めるには腸内の免疫細胞を活性化できる食べ物を摂ることが重要です。免疫細胞を活性化させるには腸内の善玉菌を増やし、善玉菌を増やすには善玉菌のエサになる食物を摂るということです（図5）。悪玉菌が善玉菌より優位になると、アンモニアのような腐敗物質が増殖するなど、腸内環境が悪化し、免疫力も衰えてさまざまな病気の原因になります。

発酵食品には、乳酸菌をはじめ、腐敗物質の増加を抑制する善玉菌が豊富に含まれています。善玉菌の代表は乳酸菌です。乳酸菌はそれ自体が善玉菌であると同時に、ほかの善玉菌のエサにもなります。乳酸菌を含む食物は、ヨーグルト、チーズなどの発酵乳製品のほかに、日本古来の植物由来の発酵食品、つまり、味噌、醤油、酢、納豆、糠漬け、キムチ、パン、日本酒、ビール、焼酎、ワイン、かつお節など多くの食品があります。

免疫と体温

免疫細胞は血液の中にいます。体温が下がり血行が悪くなると、体内に異物を発見しても素早く攻撃できません。免疫力が正常に保たれる体温は36.5℃程度といわれています。免疫力は、体温が1℃下がると30%低下し、逆に1℃上がると一時的には最大5～6倍アップするともいわれ、体温を上げることの重要性がよくわかります。

現代人は低体温傾向にあるといわれています。 低体温というと、体質的なものと思えるかもしれませんが、日常生活のなかに低体温を招く要因があることもあります。よく知られているのは発酵食品です。

発酵食品には多くの酵素が含まれています。酵素はタンパク質の一種で、体の中では、食物の分解や代謝などを促進する触媒の役割を果たしています。代謝は体を温めるうえで最も大切なことです。つまり、酵素が多く含まれている発酵食品を食べると体温が上がる仕組みになっているのです。

図5　発酵と免疫力

6-6

発酵食品と健康

最近、発酵食品の需要が急増しているといいます。なぜこんなにも注目されているのでしょう？　理由はいくつか考えられます。第1はみなさんの健康志向の向上です。第2は、発酵食品が究極の自然食品であるということです。そして第3は、天然のおいしさや特有の匂いなどに惹かれるということではないでしょうか？（図6）

発酵食品の健康機能

発酵食品は体にとって健康効果をもっています。発酵食品には驚くほどの栄養や滋養成分があり、例えばビタミン類や必須アミノ酸類、健康効果のあるペプチドなどが蓄積されています。これは発酵微生物の生理作用によって生成されたもので、高血圧を治す、がん細胞の発生を抑える抗酸化作用がある、中性脂肪を減少させる、肝臓の機能効果を高める効果などがある、などの効果が知られています。さらに前項で見たように、免疫を活発化する効果があることも明らかになっています。主な発酵食品の健康に寄与する機能を見てみましょう。

大豆発酵食品の健康機能

○納豆

納豆の最大の特長は豊富なタンパク質です。全体の約17%がタンパク質で、牛肉の18～19%と量はほぼ同じです。納豆は煮ただけの大豆に比べて、B2が10倍も増えています。ビタミンB2は成長を促進し、各種の代謝を活性化させます。また納豆にはナットウキナーゼという酵素があり、血栓の主成分であるフィブリン（繊維素）を溶かしてくれます。この酵素は血栓の予防に大きな効果があります。

○味噌

味噌のように長期間熟成させる発酵食品は、旨みが強く、それ自身を食べるだけでなく肉、野菜、魚などほかの食品を漬け込んで長期保存することもできます。味噌に含まれるタンパク質は麦味噌で10%、豆味噌で19%前後と豊富で、昔から米や芋などを主食とするデンプン主食型民族の日本人にとって貴重なタンパク源でした。

なかでもアミノ酸は、リシンやロイシンといった必須アミノ酸が多く、粗食の日本人に不足していたビタミンやミネラル類も豊富に含まれるため、私たちをおおいに助けてきました。また、リノール酸は心臓や脳髄中の毛細血管を丈夫にする働きがあることもわかっています。

○醤油

醤油はその成り立ちからいって、味噌の水溶液という立場でいましたが、それだけではありません。醤油の独特の香気を担うフラノン誘導体は、高い抗酸化作用をもつことが知られています。また醤油多糖類といわれる一群の糖類は、くしゃみ、鼻水、鼻づまりなどのアレルギー症状の予防効果も期待されています。その他、鉄吸収促進作用、中性脂肪低減作用、冷え性改善効果など広範囲にわたって効果が確認されています。

醤油は塩分が高く、健康に要注意といわれる反面、多様な健康機能性をもちあわせた調味料でもあることを再認識すべきではないでしょうか。

図6　大豆発酵食品のラベル

6-7 発酵食品の健康機能

発酵食品が健康に対して大きな効果を及ぼすことは前章で見たとおりです。ここでは大豆食品以外の発酵食品の健康効果を見てみましょう（図7）。

発酵乳製品

先に見たように、牛乳などを原料にした発酵乳製品の多くは乳酸菌による発酵で生じたものです。このような乳製品のメリットとして次の点が挙げられます。

① 牛乳のタンパク質が消化吸収されやすくなっている

② 牛乳による下痢の心配が少ない

日本人には、牛乳を飲むと下痢をする人が欧米人に比べて多いといわれています。しかし、乳酸菌で牛乳を乳酸発酵させた発酵乳は、乳糖が分解されており下痢が起こりにくくなっています。

③ 保存性がよく腐敗しにくい

乳酸菌飲料は、乳酸菌が産生する乳酸により製品のpHが低くなっているので、腐敗菌の増殖が抑えられ、保存性が高くなります。

④ 風味を高める

乳酸菌は、発酵の過程で乳酸や芳香成分を産生します。これらの成分は、爽やかな酸味や好ましい香りを付与し、食欲を喚起します。

漬物

日本には多くの漬物があり、世界一の漬物王国といわれています。漬物に動脈硬化、がん、心臓病、高コレステロール、糖尿病といった生活習慣病の予防効果があることが明らかにされています。水に溶けるペクチンなどの食物繊維は、動脈硬化や心臓病の予防に役立ち、血液中のコレステロールや胆汁酸の排泄を促進します。

一方不溶性の食物繊維は胃や腸などで消化器官を物理的に刺激して、インスリンやホルモンの分泌を高めて便秘を解消し、糖尿病や直腸がんなどを防ぎます。

酢

果実や穀物を発酵して作った酸性食品が酢です。塩、酒、醤油と酢は古くから重要な調味料で「四種(くすくさ)」と呼び、この4種の調味料を小さな器に盛って食前に置く風習があったといいます。

酢には疲労回復効果があります。疲労原因の1つとして筋肉に疲労物質の乳酸が蓄積されることは前々からわかっていました。疲れたとき、酢が体内に入ると、エネルギーを作りだすTCA回路の循環が活発になり、ピルビン酸が乳酸に変化せずに分解されるのです。

老化防止にも効果があります。高血圧症の患者に毎日酢を一定量投与した場合、投与しなかったグループに対して血中総コレステロール値や中性脂肪値が減少したといいます。

図7　健康効果の高い発酵食品

さまざまな発酵乳製品

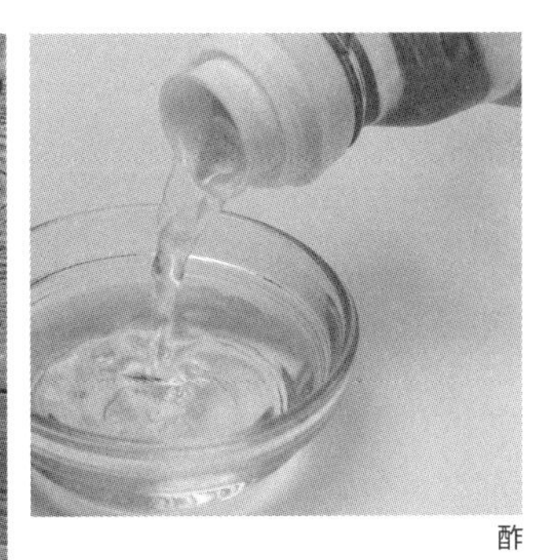

酢

さまざまな漬物

6-8 発酵と疾病

発酵と健康が密接な関係にあるように、発酵と病気、中毒の間にも密接な関係があります。代表的な例をとって見てみましょう。

有毒成分の除去

食品のなかには有毒成分が含まれており、そのままでは危険で食用にならないものがあります。そのようなものでも発酵によって毒成分が分解除去され、食べられるようになることがあります。

猛毒をもつトラフグの卵巣が伝統的な糠漬け(ぬかづけ)(ヘシコ)をすることで食用になること、毒を含むソテツの実が発酵によって救荒食になることは先に見ました。

ブラジルではキャッサバ(図8)という常緑低木のイモ状の根茎を主食にしますが、キャッサバに含まれるリナマリンは、青酸配糖体を含み毒性があります。そのまま食べると、中毒症状の軽い人で嘔吐、頭痛、めまいが起こり、重度になると四肢の痙攣、意識混濁、呼吸低下が起こり、生命が危険にさらされることもあります。

したがって食べるためには毒抜きをする必要があり、いくつかの方法がありますがその1つが発酵です。用いる菌は嫌気性、好気性、いろいろあるようで、民族によっても異なるようです。これが、主食を発酵に頼っている例です。

牛乳の無毒化

乳は哺乳類が幼い子に与える栄養分に富んだ体液です。その成分は各動物で似通ったものですが、いずれも数%の乳糖を含みます。乳糖は赤ちゃんの体内に入るとラクターゼという酵素によってブドウ糖とガラクトースに分解されます。ブドウ糖はそのまま栄養素として代謝系に回されますが、ガラクトースは肝臓で酵素によってブドウ糖に変換され、その後代謝系に入ります。

乳糖の一部は分解されずに大腸に達し、乳児の腸内のビフィズス菌を増やすのに使われるといいます。

牛乳は完全食品といわれますが、食品としてまったく問題がないわけでもありません。それは**牛乳アレルギー**、**乳糖不耐症**(にゅうとうふたいしょう)が起きる可能性があるからです。ヨーグルトなどの発酵乳は、発酵により乳糖の一部が分解されています。また乳酸菌には乳糖の分解を助ける機能もあるので、乳糖不耐症対策の１つとして有力な方策です。

しかし牛乳アレルギーは、牛乳に含まれるタンパク質、主にαカゼインに対するアレルギー反応です。日本人の場合、食物アレルギーとしては鶏卵に次ぐ多さですが、残念ながらこれは発酵でも防ぐことは困難のようです。

図８　キャッサバの木と根塊

キャッサバ

リナマリン

キャッサバ粉を使って作るブラジルのチーズパンの一種、ポン・デ・ケイジョ

出典：Wikipedia

MEMO

第7章

発酵の生化学

発酵は微生物の作る酵素によって行われます。酵素は鍵と鍵穴の原理にしたがって固有の生化学反応を進行しやすくし、反応エネルギーを発生しやすくしてくれます。最近はより人間に都合の良い微生物を作りだすために遺伝子工学の技術も応用されています。

7-1

発酵と代謝

微生物は彼らにとっての食べ物（エサ）を食べて化学変化を起こしてエネルギーを取りだし、生成物を不用品として体外に排泄します。排泄物が人間にとって有用な場合にはこの行動を発酵と呼び、有害な場合には腐敗と呼びます。

代謝

代謝(たいしゃ)とは、生命体が生命の維持のために行う、外界から取り入れた無機物や有機化合物を素材として行う一連の合成や化学反応のことをいいます（図1）。これらの反応によって生命体の成長と生殖が可能となり、生命体が繁殖することができることになります。

代謝は大きく**異化**と**同化**の２つに分類することができます。異化は物質を分解することによってエネルギーを得る過程であり、細胞呼吸はその例となります。一方、同化はエネルギーを使って物質を合成する過程であり、例えばタンパク質・核酸・多糖・脂質の合成があります。

これらの化学反応に置いて重要な働きをするのが酵素であり、酵素は熱力学的に不利な反応を有利に進めるための触媒として作用します。

発酵

発酵は異化の一種であり、外部から取り入れたグルコースやタンパク質など高分子量の天然高分子や無機物を水やアンモニアなどの単純な低分子まで分解する代謝です。現生する生物は地球上に存在するほとんどすべての有機化合物を代謝できるといわれています。

発酵は、エネルギー効率としてはきわめて低い反応機構ですが、機構の単純さや酸素がいらないなどの理由から多くの微生物でよく見られる異化機構です。なお無酸素運動における筋肉でも解糖系が乳酸発酵を行っています。

代謝反応は基本的に酸化・還元反応です。酸化・還元反応は普通、酸素の授受で考えられることが多いですが、本質的には電子の授受であり、水素の授受で考えることもできます。この考えでいくと、相手から電子あるいは水素を受け取るということは相手を酸化することであり、相手に電子あるいは水素を供与することは相手を還元することになります。

発酵の場合には、電子供与体および電子受容体はともに有機物であり、電子供与体となる還元物質には通常、糖が用いられます。しかしながら微生物はある種の有機酸（酢酸、乳酸など）、アミノ酸、核酸などを基質に発酵することもできます。

図1 発酵と代謝

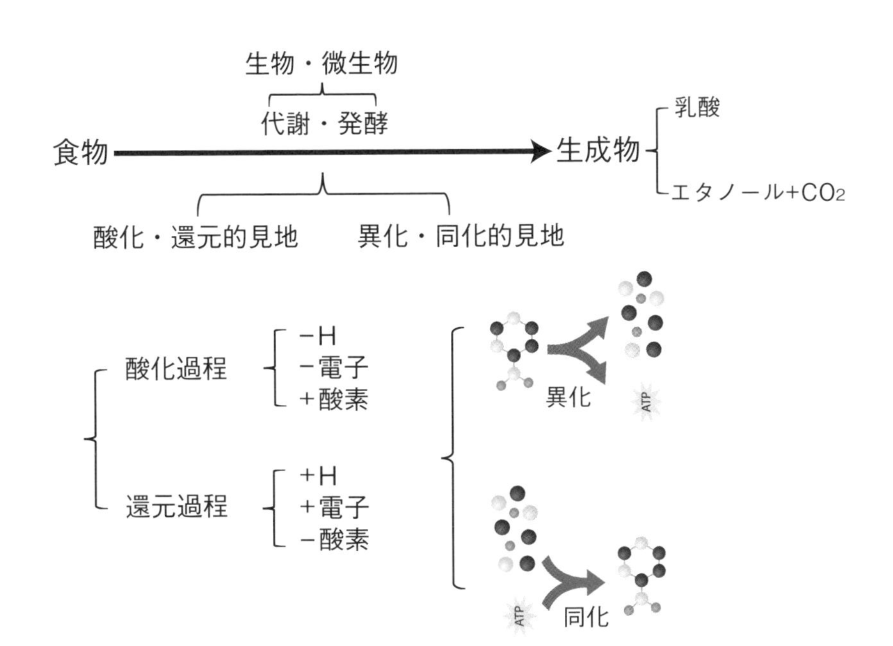

7-2
発酵とエネルギー

自動車はガソリンを爆発させることによって発生するエネルギーで動きます。生物も同じです。生物のすべての活動にはエネルギーがつきまとっています。食物を代謝することによって発生したエネルギーを使って次の食物を獲得します。いってみれば自転車操業です。考えてみれば生物は因果なものです。

生物エネルギーATP

生物は代謝によって発生したエネルギーをただちに使い果たしてしまうほど愚かではありません。これでは、食物がなくて代謝ができないときに敵に襲われたらひとたまりもありません。それだけの理由ではありませんが、生物はエネルギーを蓄えておくことができます。

つまりエネルギーをお札に換えて貯金しておくのです。このお札に相当する物質を**ATP**といいます。ATPはアデノシントリホスフェートの略です。「トリ」は3個、ホスフェートは「リン酸」の意味で、ATPはアデノシンに「3個のリン酸」がついたものです。

ちなみにアデノシンは核酸DNAの部分構造です（図2）。つまり生き物を作った神様は同じ「部品」を使って遺伝のための核酸と、エネルギー貯蔵のためのATPを作ったのです。失礼ながら、神様の道具箱にはあまり多くの部品はなかったのかもしれません。

ATPの生成

生物はエネルギーができるとADPつまりアデノシンに「ジ=2個」のリン酸がついたものに、もう1個のリン酸を結合してATPにします。このときのリン酸の結合エネルギーが貯金に相当し、1個（1モル）のATPは7.3kcalのエネルギーを溜めることができます。つまり

ADP+リン酸+7.3kcal→ATP

です。この反応は可逆反応で、ATPがリン酸を外してADPに戻るときには7.3kcalのエネルギーを放出します。

人間の体内に存在するATPの量はわずか数10グラム、人間の基本活動約3分間分でしかありません。しかし使う都度、新たに合成しているので、1日に作られるATPの総量は延べにすると体重に相当する量になるといいます。

図2　ATPの構造

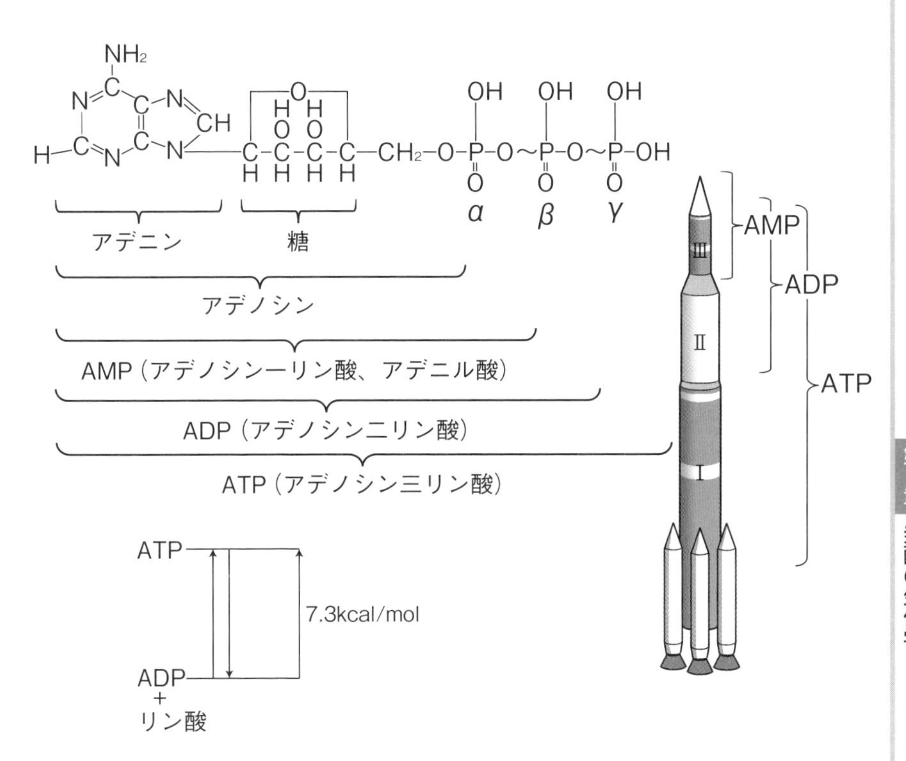

7-3

ATP生産

生物が活動するためには、ATPを休むことなく作り続けなければなりません。すべての生物はこのATPを代謝によって作っています。そのプロセスには、酸素を必要としない経路と酸素を利用する経路の2つがあります。

嫌気性経路

酸素を使わない経路、つまり嫌気性経路が発酵です。発酵には乳酸発酵とアルコール発酵があり、その最終生産物は片方が乳酸であり、もう片方がアルコールと炭酸ガスというわけです。最終生産物はいずれも微生物がエサを代謝してATPを生産したあとの副産物、つまり不要の排泄物ということになります。その排泄物を飲んで天下だ、国家だ、と大言壮語していらっしゃるオトーサン方はどう思っていらっしゃるのでしょう？

乳酸発酵　　　：グルコース→2乳酸＋2ATP

アルコール発酵：グルコース→2エタノール＋2二酸化炭素＋2ATP

乳酸発酵、アルコール発酵いずれにしろ、1モルのグルコースから2モルのATP、つまりエネルギーにして14.6kcalを発生することになります。

好気性経路

1モル（180g）のグルコースから約15kcalのエネルギーしか発生しないというのはいかにも効率の悪いことです。酸素があれば、もっとエネルギー生産効率の良い反応を行うことができ、食物を最終的に炭酸ガスと水にすることができます。栄養学的にはグルコースやデンプンは1gあたり5kcalのエネルギーを発生するとされていますから、180gでは900kcal、つまり、微生物君の行う発酵に比べて60倍のエネルギーを発生させていることになります。

このため、地球上のほとんどの生物は、地球上に酸素が存在するようになってからは、酸素の毒性を克服して酸素を利用する生物へと進化してきたのです（図3）。

しかし、このように利益に無頓着にわが道を進んできた微生物君のおかげで、私たちは発酵食品のおいしさや、お酒の素晴らしさを堪能することができるわけです。微生物君には敬意と感謝の念をもって接しなければならないということでしょう。

図3 嫌気性経路と好気性経路

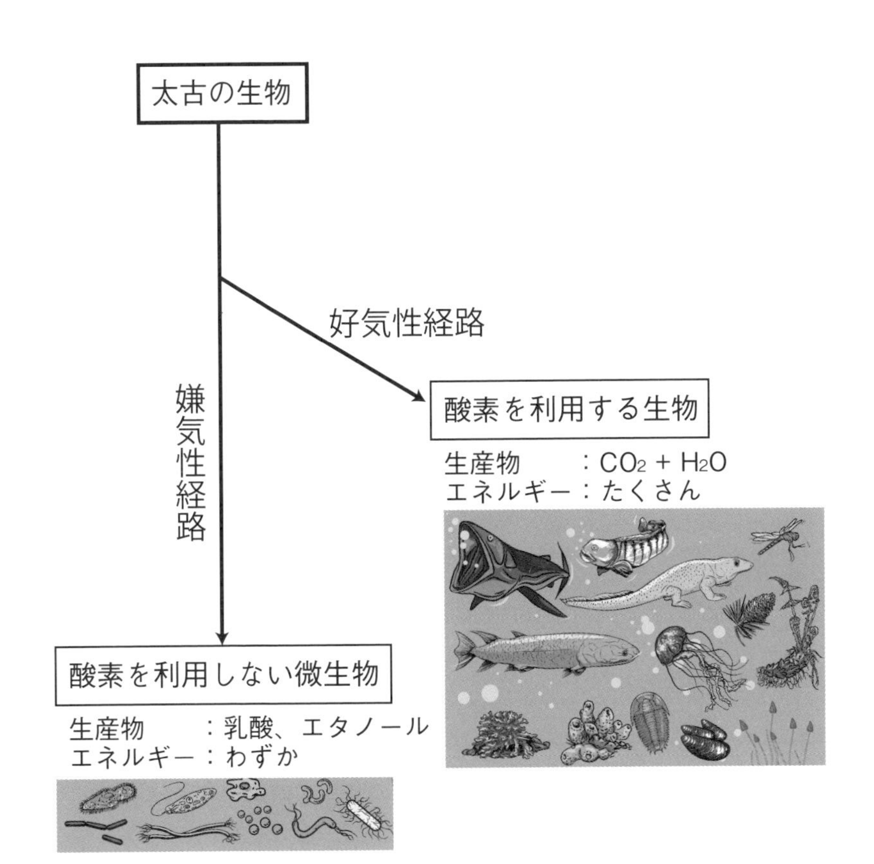

7-4

発酵と酵素

発酵は微生物によって起こります。それでは微生物はどのようにして食品（エサ）に働きかけ、どのようにして食品を変化させるのでしょうか？

酵素とは

生体が食品に働きかけるのは、かみ砕くという機械的な作用のほかはすべてが化学的な反応です。

この化学反応を支配するのが酵素です。酵素は生体が作る物質ですが、存在する場所によっていろいろな名前で呼ばれます。細胞膜に埋め込まれるかあるいは付着して存在するものは**膜酵素**、細胞内基質に溶け込んでいるものは**可溶型酵素**、生体外に分泌されるものは**分泌型酵素**です。

酵素はタンパク質が基本構造であり、酵素によっては亜鉛、マンガンなどいろいろな金属元素が組み込まれます。体内に存在する金属元素の多くは、骨を作るカルシウム以外は酵素に組み込まれているといってよいでしょう。

DNAの塩基配列による遺伝情報はタンパク質のアミノ酸配列を示すものですが、その結果できるタンパク質の十万以上といわれる種類の多くは、酵素として働くものです。酵素はいわば、生物を作る職人集団のようなものです。職人集団のウデとセンスによって生体の個性が決まるのです。

鍵と鍵穴の関係

酵素でよくいわれるのは鍵と鍵穴の関係です。酵素Eはどのような基質Sにも働くのではなく、特定の基質にだけ働くのです。反応はEとSが結合して複合体SEを作ることで始まります（図4）。この状態のSに反応が起こり、複合体はPEに変化します。ここで複合体は分解して生成物Pと酵素Eになるというわけです。つまり、SはEの助けを借りてPに変化しているのです。Eはまた新たなSと結合して次の反応にでかけてゆきます。

図5は複合体ESの１つの例の構造式です。両者の間に点線で表した３カ所の結合（水素結合）があります。このような結合ができるためにはEとSの構造がピッタ

りとフィットした場合にかぎられます。これが鍵と鍵穴の関係といわれる関係です。

図4　酵素の鍵と鍵穴の関係

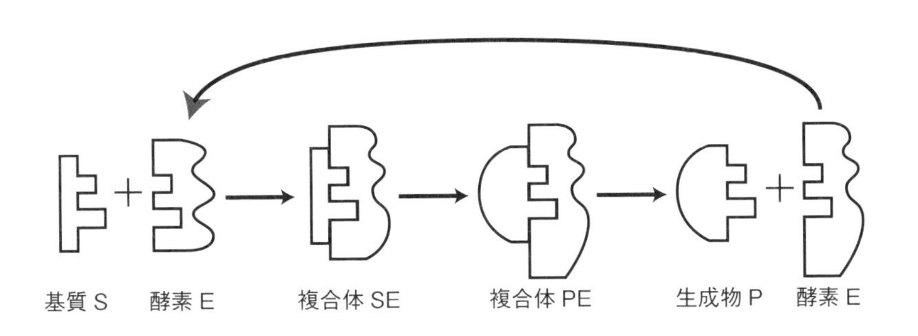

図5　複合体ESの構造式の例

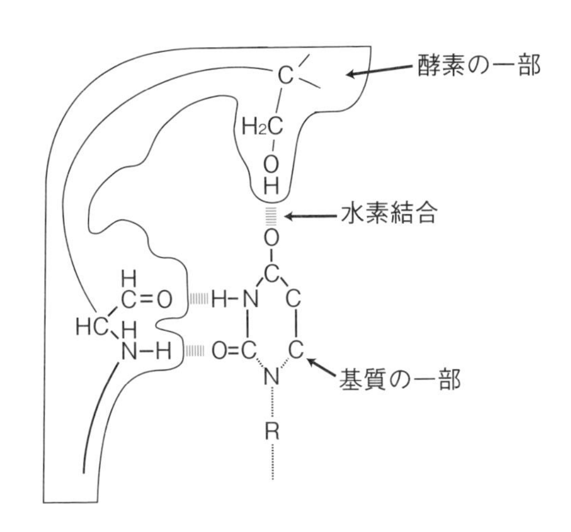

7-5

酵素の働きと性質

酵素はどのような性質をもち、基質の化学反応に対してどのような影響を与えるのでしょう?

酵素の働き

酵素の働きはひと口にいえば触媒の働きです。触媒というのは、「化学反応を加速するが、自分自身は変化しないもの」です。化学反応は物質(分子)が変化するだけではありません。エネルギーも変化します。物質はすべて固有のエネルギー(内部エネルギー)をもちます。図6に示したように基質Sは生成物Pより高い内部エネルギーをもっているとしましょう。反応が進行すると両者のエネルギー差⊿Eが放出されます。つまり**発熱反応**です。

しかし、この反応を実際に進行させるためには外部から活性化エネルギーE_aを加えなければなりません。炭を燃やすためにはマッチで火をつけなければならないということです。これは反応の途中にエネルギーの高い遷移状態Tを経由しなければならないからです。

触媒(酵素)はこの遷移状態に作用してTを複合体SEとし、活性化エネルギーE_aをE_λに低下させるのです。そのため、反応は敷居が低くなって進行しやすくなり、速度が速くなるというのです。

酵素の性質

酵素はタンパク質ですから複雑でデリケートな立体構造をもち、それは温度や溶液のpHに大きく影響されます。温度があまり高くなると立体構造は不可逆的に変化します。これは酵素が死んだ(失活)ことを意味します。ゆで卵をいくら冷やしても元の生卵には戻らないということです。

図7の左のグラフはそのことを表します。化学反応ですから、反応温度が高くなれば分子のもつ運動エネルギーは大きくなり、反応速度は速くなります。しかし温度が高くなりすぎると酵素の働きが鈍ってきて、反応速度は低下します、この結果、反応速度には極大が現れることになります。この温度を**最適温度**といいます。それ

に対して普通の触媒（無機触媒）は温度で失活することがないので、反応速度は温度上昇とともに上がり続けることになります。

　溶液のpHに対しても同じような現象が起こります。酵素が働くための最適pHが存在するのです。ただし最適pHは酵素によって幅広く変化するようです。

図6　酵素の働き

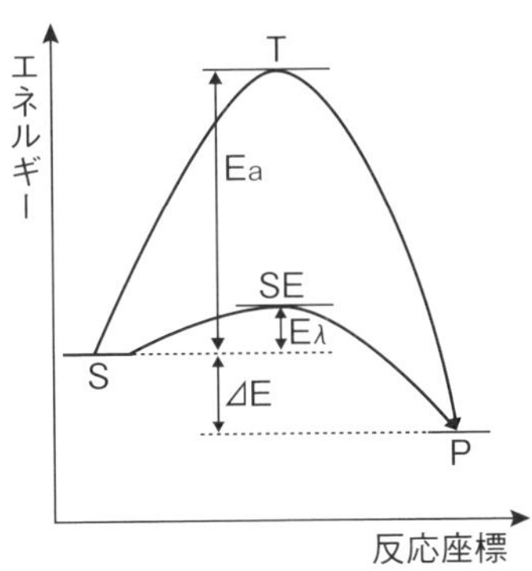

図7　酵素の性質

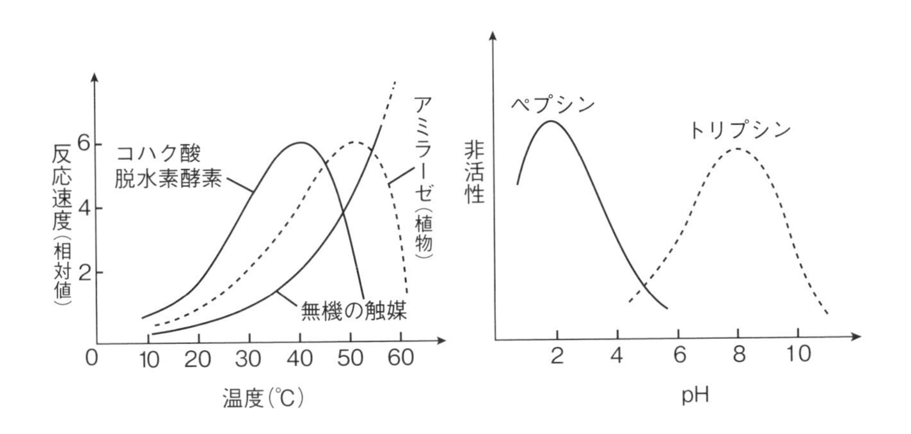

7-6

微生物の品種改良

収穫量の多い大豆と、病虫害に強い大豆を交配したら、収穫量が多く、かつ病虫害に強い大豆ができるかもしれません。このような願いを込めて行うのが品種改良です。人類は植物や動物に品種改良を行い、優れた性質をもつ生物を作ってきました。微生物も生物です。優れた性質の微生物を作るために品種改良を行わない手はありません。

品種改良微生物の利用

現代生活は微生物の力を利用して成り立っています。例えばチーズ製造に使われるレンネットは、以前は子牛の胃から採られていましたが、今ではカビなどの微生物によって作られています。

また、環境保全にも微生物は利用されています。環境を汚染している化学物質、例えばポリ塩化ビフェニル（PCB）などの有機塩素化合物などを微生物に分解させるのです。生じてしまった汚染物質を分解除去するという消極的な方策だけでなく、汚染の原因になる物質を「作らない」ために、微生物を活用するという積極的な研究も進んでいます。パンやビールなどを作る際に使われる酵母をパワーアップさせ、植物由来の高分子素材を作りだそうというのです。

これは**バイオリファイナリー**といわれる技術で、植物からバイオエタノールを作る、などもその1つです。

品種改良の伝統的手法

植物や動物の**品種改良**は、昔から交配によって行われてきました、交配の結果が現れ、その形質が遺伝を経て固定されるまでには、時には10年以上という大変な時間が必要とされます。

微生物の繁殖は雌雄のない単為生殖によるものですから、交配はできません。微生物の品種改良に使われる伝統的な手法は**突然変異**と**選別**です。微生物は普通の大型生物に比べて高い頻度で突然変異を起こします。とはいっても突然変異が起こるのは、まったくの自然任せですからいつ起こるかもわからず、その確率も高くはありません。

そのうえ、その突然変異株が人間にとって有用なものかどうかは調べて見なければわかりません。不要などころか、有害な毒素を分泌するかもしれません。そこで、その変異株を分離し、増殖して性質を調べるのです。これは大型生物の場合ほどではないにしても、やはり時間と労力のかかる大変な仕事です。

そこで近年では人為的に突然変異を起こさせる手法が開発されました。それには高エネルギー電磁波の紫外線やX線、あるいは放射線のβ線(電子線)、γ線(X線と同じ)、あるいは各種原子のイオンを用いたイオンビームなどの照射です。

これらの高エネルギービームを浴びた微生物の多くは死んでしまいますが、生き残ったもののなかには突然変異を起こしたものがかなりの確率で混じっています(図8)。これを選別、培養して性質を調べ、利用するのです。

図8 ウシガエルが突然変異したらどうなる?

7-7 微生物と遺伝子工学

最近の生物学分野を席巻しているのは遺伝子工学です。遺伝子工学というのは、生物の遺伝を支配するDNAを化学工学的に操作して新しい生物を作ろうという技術です。現在注目されている遺伝子工学技術は遺伝子組み換えとゲノム編集です。

遺伝子組み換え

遺伝は核酸である**DNA**に書き込まれた遺伝情報に基づいて行われます。DNAは4種の塩基分子、A、T、G、Cが何億個も結合した長い紐状の分子ですが、このATGCの3個の繋がり（コドン）の順序が特定のアミノ酸を指定します。つまり、DNAはタンパク質のアミノ酸配列、つまりタンパク質の設計図なのです。

DNAはそのすべての部分が遺伝情報というわけではありません。遺伝情報を書き込んだ「遺伝子」部分は全体の10%足らずで、残りの部分は役に立たない**ジャンクDNA**と呼ばれています。現代では多くの生物のDNAが解読されており、どの遺伝子部分がどのタンパク質の設計図で、その生物のどのような性質を反映するものであるかがわかっています。

そこで、Aという生物のDNAのaという遺伝子部分を切りだしてBという生物のDNAに組み込んでやります。すると生物Bに生物Aの性質が出現するのです。この結果は交配と同じことですが、A、Bは同じ種類の生物である必要はありません。植物の遺伝子を動物に組み込むことも可能です。イヌの遺伝子をネコに組み込んだらどうなるのでしょう？　これでは北欧神話のキメラの誕生も可能になります。

ということで、**遺伝子組み換え**は倫理に背く可能性があるということで、世界中で厳重な監視の対象となっています。

ゲノム編集

現在注目されているのは**ゲノム編集**です。ゲノムはDNAと思ってよいでしょう。問題は「編集」です。これは文章の編集から借用した言葉ですが、「ゲノム編集」は「遺伝子組み換え」に対立する言葉として使われている観があります。

つまり、両者はともにDNAを操作する技術ですが、ゲノム編集は「ほかの生物の遺伝子をもちこむことはしない」とされています。つまり、キメラが生まれる可能性を排除している、いわば「限定つきの遺伝子工学」というわけです。

それでは「ゲノム編集は具体的に何をやるのだ？」ということになります。やることは遺伝子の位置交換、重要なのは特定遺伝子の除去です。生物の遺伝子のなかには、その生物にとっては意味があるのでしょうが、その生物を利用する「人間にとっては邪魔者」の遺伝子があります。現在問題になっているのは魚のタイがもつ「筋肉製造量を限定する遺伝子」です。

この遺伝子があるから、タイは私たちが知っているあの形・姿なのです。この遺伝子を取り去ったら、筋肉量は限定解除になりますから、タイは筋肉隆々の「マッチョ鯛」になる可能性があります（図9）。近年中に市場に現れそうです。このようなタイが養殖池の中にだけいるぶんには問題ないのでしょうが、自然界に逃げだしたら、ブラックバスのように、周辺の小魚にとっては脅威になるのではないでしょうか？

図9 ゲノム編集でマッチョ鯛が誕生!?

MEMO

第8章

発酵と薬学

微生物は医薬品の面でも貢献してくれます。人類を多くの伝染病から救ってくれた抗生物質は、微生物が自分を外敵から守るために分泌した化学物質なのです。ワクチンも微生物自身、あるいは微生物の一部を利用したものです。人類は微生物なくして健康で快適な生活は送ることができないといってよいでしょう。

8-1

発酵法の利点

化学反応は原子、分子の反応性に基づくものですから、自然界で行われようと、実験室で行われようと同じように進行すると思われます。そのとおりなのですが、実際にはそうでもないことがあります。

光学異性体

先に味の素の合成の項で見たことですが、味の素（グルタミン酸）はアミノ酸であり、D体、L体という光学異性体があります。

誰も理由は知りませんが、人間を始め、地球上のほとんどすべての生物のタンパク質はL体のアミノ酸だけからできています。そのせいかどうかは知りませんが、味の素の**光学異性体**の片方（L体）には味がありますが、もう片方（D体）には味がないという光学異性特有の性質があります。

この味の素を実験室で人為的に作るとD体とL体が1：1の割合で混じった**ラセミ混合物**ができます。普通の化学的合成法で光学異性体の片方だけを選択的に作ることは不可能です。ラセミ混合物をD体とL体に分離（**ラセミ分割**）することも不可能です。ところが微生物を用いて発酵によって作ると、L体のみが生成するのです。

サリドマイド事件

1957年、西独の製薬会社グリューネンタール社がサリドマイドという睡眠薬を発売しました。優れた効果を発揮するので世界中で使用されました。ところが数年後、関係者の間で変な噂が立ちました。最近、これまでに見たことのない奇形児が相次いで誕生しているというのです。それは腕がなく、肩から直接手がでているというものでした。

調べてみると、母親が妊娠初期にサリドマイドを服用した場合に多かったのです。この奇形は世界中で起こり、総数3900人にのぼりました。日本でも309人が誕生しました。

調査の結果、原因はサリドマイドでした。サリドマイドの分子構造には図1のA、Bで表した光学異性体があったのです。このうち片方Aは催眠作用があったのでしょうが、もう片方のBには催奇形性があったのです。製薬会社が発売前によく調べて、Aだけを分離して発売すればこのような被害は防げたように思えますが、サリドマイドは特殊な例でした。Aだけを服用しても、体内に入ると自動的に変化して一定時間（半減期）後にはAとBの混合物に変化するのでした。

天然物の医薬品にはこのような光学異性の問題がついてまわります。光学異性体をもつ天然薬を化学合成する場合にはこの問題は避けて通ることができません。そのような場合に有効なのは、味の素の場合と同じように、微生物を用いて発酵によって作成するという手段です。

図1 サリドマイドとその分子構造

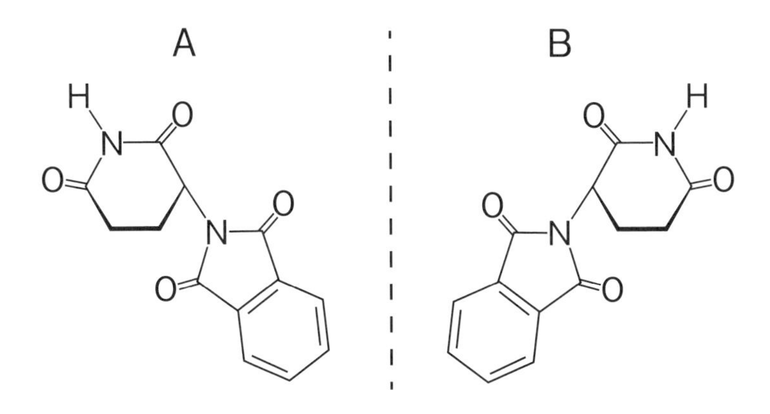

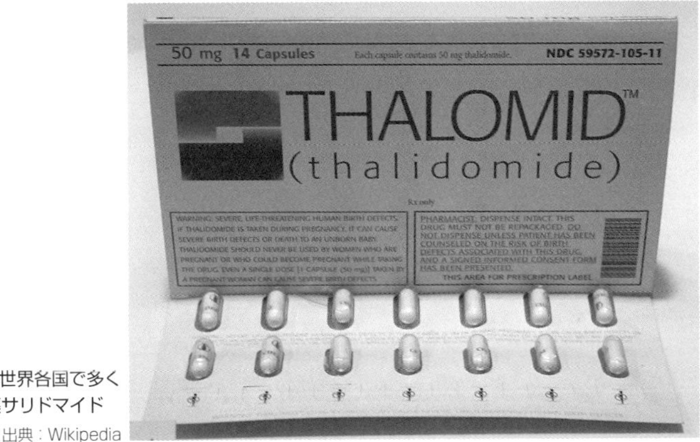

1950年代に販売され、世界各国で多くの被害者をだした睡眠薬サリドマイド
出典：Wikipedia

8-2

発酵と常用医薬品

発酵といえば味噌、醤油、酒、チーズ、納豆などの発酵食品が思い浮かびます。しかし、発酵生産品の総生産額に占める食品の額は17%程度にすぎず、残りの80%以上は抗生物質・抗がん剤などの医薬品、アミノ酸やビタミンなどの化学製品、胃腸薬に含まれる消化酵素などの分野で利用されるものなのです。実状は「発酵なくして医療ありえず」といっても過言ではありません。

整腸剤と発酵

日常的に用いる発酵医薬品がどのようにして作られるのか、ビール酵母を原料にした整腸剤を例にとって見てみましょう。ビール発酵には先に見たように上面発酵と下面発酵がありますが、この整腸剤は下面発酵を行った酵母を利用します。

発酵を終えたビール酵母が発酵タンクの底に沈殿します。うわずみ液は生まれたての若ビールとなり、沈んだビール酵母は、麦汁の栄養素をタップリ吸収しています。この酵母を利用して整腸剤を作ります。その作業工程は以下のとおりです。

① **不純物除去**：ホップ樹脂などの不純物を取り除き、きれいにします。

② **洗浄**：生酵母の表面を水とカセイソーダで洗浄します。

③ **乾燥**：洗浄酵母を高温乾燥することで、発酵力をなくします。

④ **粒度調整**：乾燥させた酵母の粒子直径を、おおまかに揃えます。

⑤ **粉砕機**：粉砕機や篩で粒度の大きさを揃えます。

⑥ **混合撹拌**：酵母に副原料を混ぜて均一の粉末にします。

⑦ **錠剤に成型**：粉末状の原料を、高速打錠機で錠剤に成形して完成です。

ビタミン剤と発酵

かつてビタミン類の用途は、臨床・病理・栄養などの分野で疾病の治療・予防と関連して展開してきました。したがってその生産も製薬企業が中心を担ってきました。しかし現在ではビタミン類の主な用途は飼料添加物、食品素材、医薬品、健康商品、化粧品、試薬類など多岐にわたっています。

それにつれて生産規模もビタミンC、パントテン酸、ニコチンアミドなどはそれそれ、年間10万トン以上、1万トン、数千トンに達するほど増加してきました。生産という観点から見ると医薬品というより、むしろ化学品としての性格が大きくなり、生産の主体も化学工業が担っているものが多くなっています（図2）。

図2　ビタミン剤と発酵

ビタミン	酵母生産・研究	
	使用微生物群	微生物名
D	放射菌など	Saccharomyces cerevisiae (中間体ERgosterol生産)
K	細菌	Flavobacterium sp. Arthrobacter nicotianae Bacillus natto
B1	細菌	Bacillus subtilis
B2	細菌、菌類など	Ashbya gossypii Bacillus subtilis
B6	細菌など	Flavobacterium sp. Rhizobium meliloti
B12	細菌	Propionibacterium freudenreichii Pseudomonas denitrificans
C	細菌	Gluconobacter Ketogulonicigenium vulgare
パントテン酸	細菌 カビ	Escherichia coli Corynebacterium Fusarium oxysporum

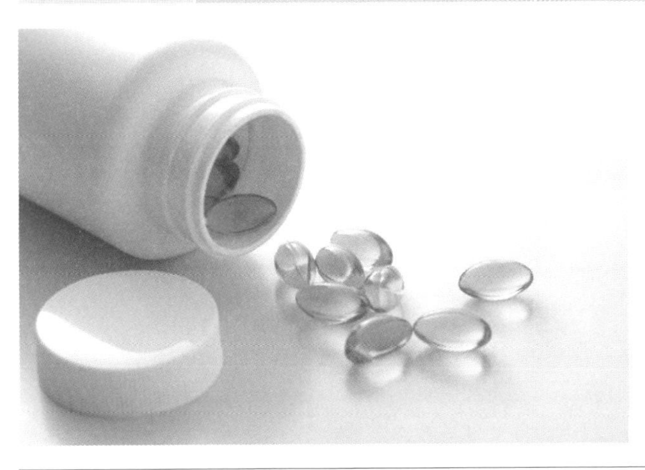

8-3

発酵と抗生物質

抗生物質とは、微生物が産生し、ほかの微生物の発育を阻害する物質のことをいいます。微"生物"に効果があるのですから、生物でない新型コロナウイルスのようなウイルスには効果がありません。

抗生物質の発見と歴史

抗生物質の最初の例は、イギリスの医学者フレミングが1928年に青カビから見つけたペニシリンでした。しかしペニシリンの発見から実用化までの間には10年もの歳月を要しました。ところがいったん実用化されたのちはストレプトマイシンなどの抗生物質を用いた抗菌薬が次々と開発され、人類の医療に革命をもたらしました。ペニシリンの開発は20世紀で最も偉大な発見の1つで「奇跡の薬」と呼ばれました。フレミングはこの功績によって1945年にノーベル賞を受賞しました。

その後、抗生物質の発見と研究は爆発的に広がり、1990年頃には、天然由来の抗生物質は5,000~6,000種類があるといわれました。実際、ストレプトマイシン、カナマイシンなど約70種類の抗生物質が用いられているといいます（図3）。

抗生物質の性質と現状

抗生物質は微生物が分泌する分泌する物質です。ということは、抗生物質を得るためには微生物を培養し、その分泌物を分離・精製すれば良いということになります。すなわち、抗生物質を生産するためには発酵の技術がなければならないということになります。

抗生物質は神秘的な微生物が神秘的な営みによって生みだした神秘的な物質のように思えます。しかし、化学、薬学にとって神秘的などという言葉はありません。どのように神秘的に「見えようと」その美しい仮面を取り去るのが科学の役割です。化学、薬学は共同して抗生物質の化学的本質を追究しました。

その結果、すべての抗生物質は「純粋化学物質（分子）」であることがわかりました。これは「何だかわからないが混ぜて飲めば病気に効く」という「混合物」とは違います。この辺が、同じような「医療用天然物質」を扱いながら、そのあと「化学合成薬」と「漢方薬」の分かれた道筋になるのでしょう。

2015年、大村智（おおむらさとし）博士がノーベル医学・生理学賞を受賞されましたが、これもイベルメクチンという抗生物質発見によるものでした。イベルメクチンは寄生虫といわれる線虫類やダニ、ウジなどに対して高い効果があります。イベルメクチンは失明に導く寄生虫病やかつて象皮症（ぞうひしょう）といわれた皮膚病の特効薬となっています。

抗生物質の弱点は、抗生物質の効かない微生物、**耐性菌**が現れることです。人間が耐性菌に対抗するためには、「新しい抗生物質」を発見しなければなりません。しかし、いずれその新しい抗生物質に対抗する「新しい耐性菌」が出現するに決まっています。

そのような悪循環を断ち切るには、この運命の「輪廻」を断ち切る裁断がなされなければなりません。そのための小さな試みの1つが、天然抗生物質の分子式の一部を変形するという手段です。

図3　抗生物質の種類と構造

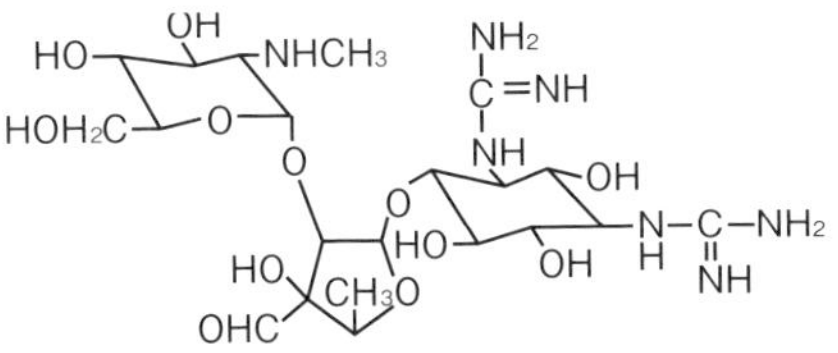

ストレプトマイシン

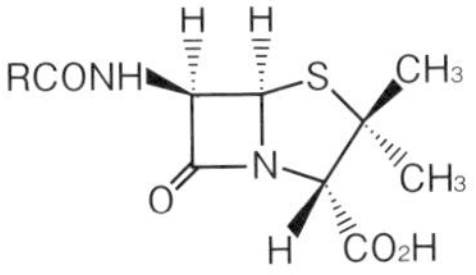

ペニシリン

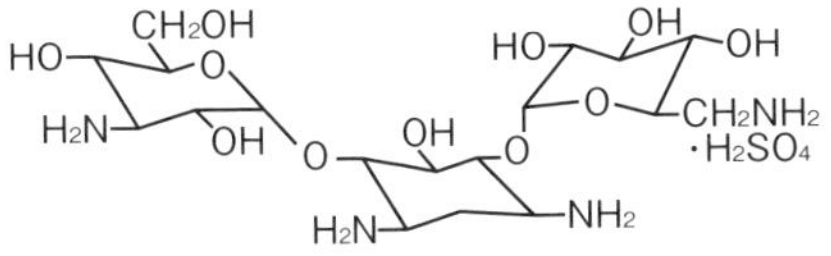

カナマイシン

種類		R
天然ペニシリン	ペニシリンG	$-CH_2-C_6H_5$
	ペニシリンF	$-CH_2-CH=CH-CH_2-CH_3$
	ペニシリンK	$-(CH2)_3-CH_3$
持続型ペニシリン	ペニシリンV	$-CH_2-O-Ph$
	ペニシリンO	$-CH_2-SCH_2-CH=CH_2$
抵抗性ペニシリン	メチシリン	$-CH(CH_3)-O-Ph$

8-4

発酵とバイオ医薬品

バイオ医薬品とは、バイオテクノロジーつまり生物を利用する技術によって作られたタンパク質のことであり、主に微生物を利用した発酵によって作ります。

バイオ医薬品の特徴

バイオ医薬品の歴史は新しく、これまで治療が困難だった難病を治す最先端医薬品として期待されています。世界初のバイオ医薬品は1982年に開発された糖尿病の治療薬「ヒトインスリン」です。その後、インターフェロン（抗ウイルス・抗がん作用をもつ治療薬）、成長ホルモン（低身長症の治療薬）、エリスロポエチン（腎性貧血の治療薬）、コロニー刺激因子（白血球減少症の治療薬）、抗体医薬品など、次々と新しいバイオ医薬品が誕生しています。

バイオ医薬品は本質的にタンパク質という天然高分子の一種ですので、普通の低分子薬と比べて分子の大きさがケタ違いに大きいです。分子量で比べてみると、家庭薬として100年以上の歴史をもつアスピリンの分子量は180ですが、バイオ医薬品は数万、大きいものでは15万もあります。

バイオ医薬品の製造法

バイオ医薬品の主な製造工程は、大きく見ると次の6つの工程に分けて考えることができます（図4）。

①**遺伝子作成**：遺伝子組み換え技術によって目的のタンパク質の情報が書かれた遺伝子を作る

②**細胞作製**：作った遺伝子を大腸菌・酵母・動物細胞などに導入する

③**細胞株作成**：目的のタンパク質を作る細胞株を作製する

④**培養・発酵**：タンク内で細胞を培養し、発酵によって目的のタンパク質を作る

⑤**抽出・精製**：培養液から目的のタンパク質を抽出し、分離、精製する

⑥**製剤化**：タンパク質を注射溶液として製品化する

バイオ医薬品はタンパク質ですから、普通の薬剤のように服用すると胃で消化されてしまいますので、用いるときにはもっぱら注射や点滴ということになります。

分子が大きく構造が複雑なバイオ医薬品は、製造工程のわずかな変化によって品質が変わってしまうことがあります。臨床試験で確認された有効性・安全性が確保されるように、厳密な品質管理が行われています。

図4　バイオ医薬品の製造方法

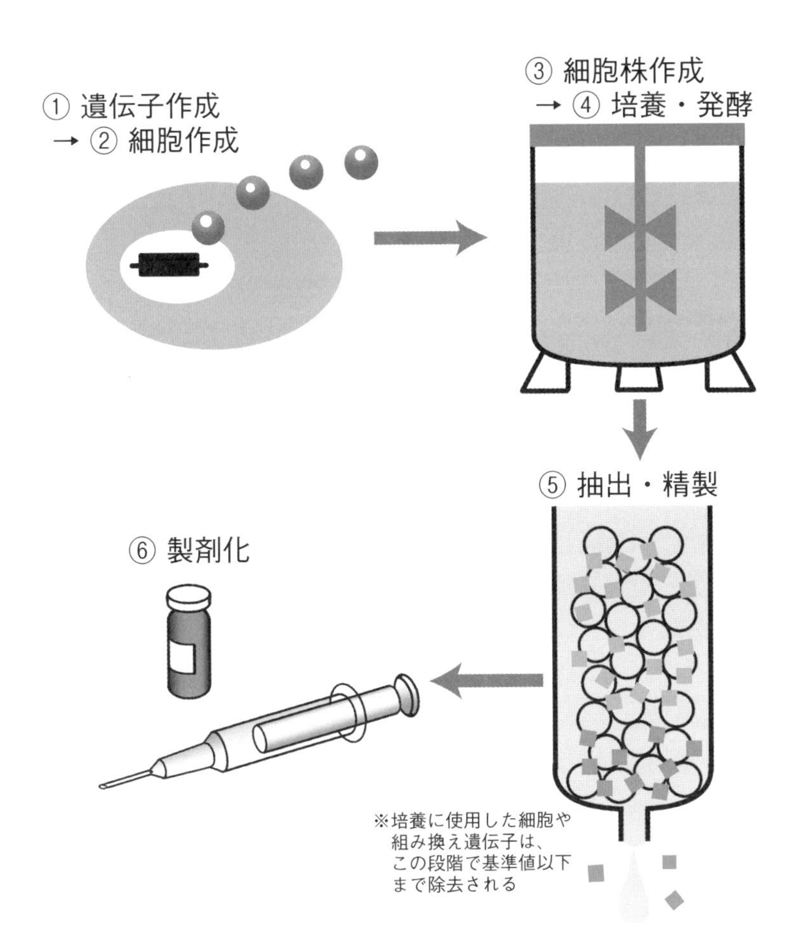

8-5

発酵とワクチン

人類はその誕生のころから伝染病に悩まされてきました。その苦しみから解放してくれたのがジェンナーの疱瘡ワクチンでした。彼は健康な人に、疱瘡に近い毒性はあるが疱瘡の病原体ではない牛の疱瘡、「牛痘」の毒素を接種したのでした。

その結果、投与された人はその後、疱瘡にかからないことが明らかになりました。これがワクチンの始まりです（図5）。その後、何億人の人々が忌まわしい伝染病の悪疫から逃れることができたかしれません。

ワクチンの多くは病原体（微生物）そのものあるいはその一部を利用して作るので、本質的に培養、発酵の産物ということができます。

ワクチンの原理

生物には、外部から侵入した害物、病原体を排斥する、あるいは無毒化する力が備わっており、これを**免疫機構**といいます。私たちの体に病原体、**抗原**が侵入するとそれに対抗して私たちの体は**抗体**を作成し、それによって抗原を無力化しようとします。

この抗体を人工的に作りだそうというのが**ワクチン**です。したがってワクチンは本質的には、生体（人間）に害をなす病原体なのです。しかし、病原体そのものでは、私たち自身が病気になってしまいます。

したがって、「抗体を作る程度の毒性はもっているが、病気にさせるほど強くはない」という程度の「病原体もしくはその毒素の一部」を人間に接種し、抗体を作らせる、その目的で作られた医薬品をワクチンと呼びます。

ワクチンの種類

ワクチンは大きく2 種類に分けることができます。

○生ワクチン

病原性の弱い病原体を選び、何代も、時には数百代も培養を続けて病原性を弱めたものです。毒性を弱められたウイルスや細菌が体内で増殖して免疫を高めていくので、接種の回数は少なくてすみますが、十分な免疫ができるまでに約1カ月が必要です。この病原体は生きていますので生ワクチンと呼ばれます。

　これには麻しん風しん混合ワクチン（MR ワクチン）、おたふくかぜワクチン、ポリオワクチン、水痘（みずぼうそう）ワクチン、BCGワクチンなどがあります。

○不活化ワクチン

　病原体やその一部分またはそれが作りだす毒素成分を処理し、病原性や毒力をなくしたものです。自然感染や生ワクチンに比べて生みだされる免疫力が弱いため、何回か追加接種が必要になります。病原体の成分タンパクの種類が少ないことにより副反応が少なくなるというメリットがあります。インフルエンザワクチンなどがあります。

図5　エドワード・ジェンナー

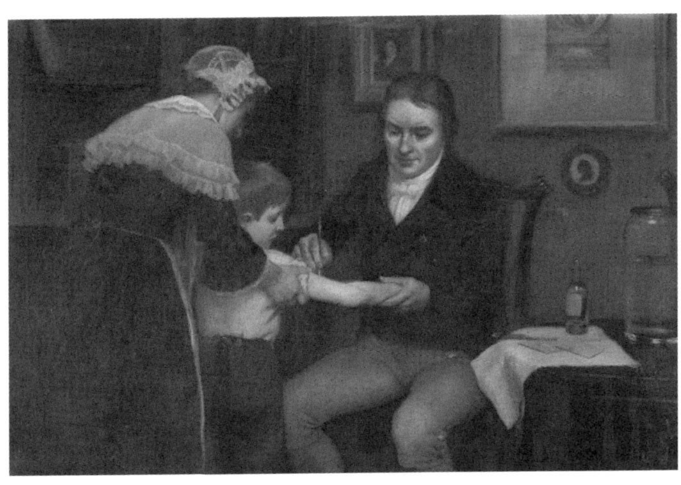

1796年、医師エドワード・ジェンナーが8歳の少年に初めて牛痘を接種したシーンを描いた絵画

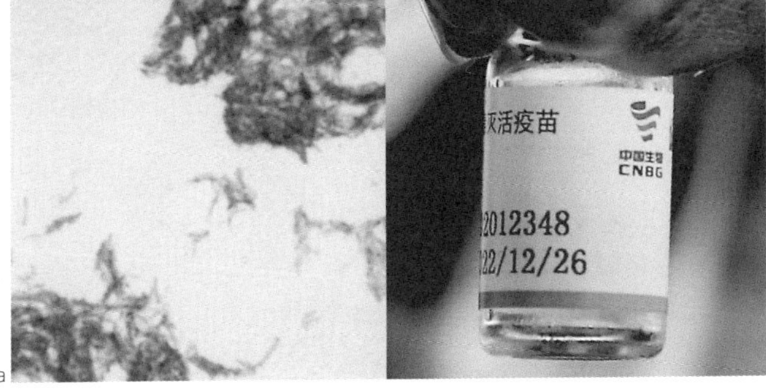

生ワクチン（BCGワクチン）と不活化ワクチン（シノファームCOVID-19ワクチン）の例

出典：Wikipedia

8-6
ワクチンの製造法

ワクチンにはいろいろな種類があり、それによって製造法も異なります。しかし本質的に病原体という生体を変形させたものですから、作るのにも生体を使うことが多くなり、発酵法が用いられることが多いです。

製造法

ワクチンの製造には病原性のない病原体を大量に増やす必要があり、現在、次の４つの方法が用いられています。

①鶏卵培養法

鶏卵（受精卵）のしょう尿膜腔内に微量のインフルエンザウイルスを接種してウイルスを増殖させ、しょう尿液を回収します。このうち、抗原性のある部分を取りだし精製して使います。インフルエンザウイルスワクチンは、この方法を用いています。

②動物接種法

マウスの脳内や動物の体内にウイルスを接種してウイルスを増やす方法です。大量のウイルスを得ることが可能で、過去の日本脳炎ワクチンはこの方法で製造されていました。

③細胞培養法

栄養液だけで生育させた動物の細胞にウイルスを接種して培養し、培養液中にでてきたウイルスを不活化・精製してワクチンとするものです。この方法は精製および原材料の供給が容易で、短期間に大量のワクチンを製造することが可能です。現在の日本脳炎、麻しん風しん混合、水痘などのワクチンに利用されています。

④遺伝子組み換え法

あらかじめ増殖させた特殊な細胞にウイルスの遺伝子を挿入し、ウイルスの抗原性にかかわっているタンパクだけを細胞につくらせたあと、これらを取りだして精製したものです。長所として、製造期間が大幅に短縮できること、製造に感染性のあるウイルスを用いないことから、ワクチンを安全に生産することが可能となることなどがあります。なおこの技術は、酵母細胞を使ったB型肝炎ワクチンの製造にも用いられています。

⑤新型コロナウイルスワクチン

生物の構成成分の多くはタンパク質で、これらは細胞の核内にあるDNAをもとに作られていきます。その設計図の情報を核から細胞内のタンパク質製造工場に伝えるのがmRNAです。今回のワクチンはこのmRNAを人工的に作成したものです。

この人工mRNAは細胞内のタンパク質製造工場に取り込まれ、スパイクタンパクというコロナウイルスの表面にある特有な形をしたタンパク質を作ります（図6）。部品ですから体内で悪さはしませんが、体内ではこれに対しても抗体が産生されます。

この抗体は、本物のコロナウイルスのスパイクタンパクに対しても作用します。その結果、コロナウイルスが体内に侵入した際に作用して感染を防御したり、感染しても症状が軽くなるようになります。

従来のワクチンは、病原体を弱毒化もしくは無毒化したもの（抗原）を直接体内に注入して抗体を産生させるものでした。今回のワクチンは自分の細胞で抗原を作らせて抗体を産生するものなので、まったくコンセプトが異なります。自分の体で作るタンパク質なのでアレルギー反応などは一切でないものと考えられます。

図6　コロナワクチンの作り方

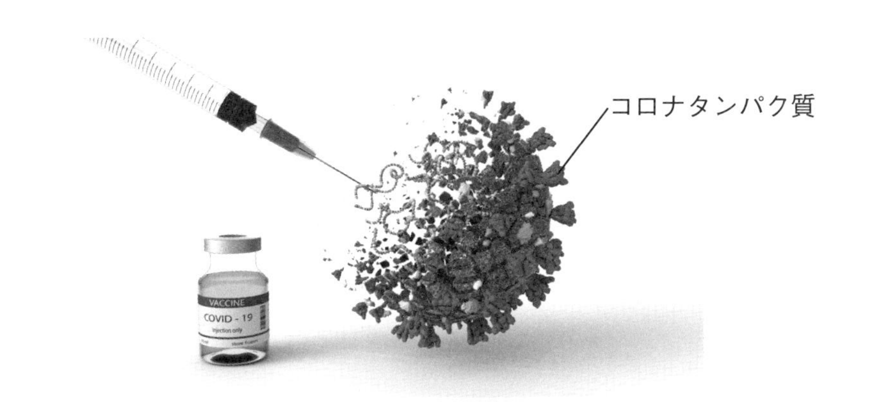

8-7

発酵と漢方薬

四本脚のものは机でも食べるといわれるほど食の範囲の広い中国では、得意の医薬品である漢方薬でも牡蠣殻のような廃物からセミの幼虫にキノコの生えた冬虫夏草のような不気味なもの、あるいはトリカブトの根というような猛毒物質まで、何でもかんでも薬品の原料にしてしまいます。

医食同源

しかし、タケノコや高菜の茎を発酵したメンマやザーサイのような食材、あるいは日本の味噌や醤油に相当する豆板醤やXO醤のような調味料には豊富な発酵品をもつ中国では、意外なことに発酵を正面に押し立てた漢方薬は多くないようです。

もしかしたら、**医食同源**を標榜する中国では発酵は食材に任せているのかもしれません。しかし、漢方薬で利用する食物動物由来の材料の多くは乾燥してあります。これらの多くは紅茶や日本の干魚のように自然発酵しているのではないでしょうか？　あえて発酵と謳わなくても発酵品は漢方薬の中に広く行き渡っているのかもしれません。

そのようななかに、麹を用いて発酵させているものもあります。**発酵ニンニク**、**発酵ハトムギ茶**などが日本でも市販されています。

神曲（あるいは神麹（しんぎく））は原料として小麦粉、麩（ふすま）、鮮青こう（かわらにんじん）などを細かく切ったものに水を加えて団子状に練ったあと、平板状にして稲わらあるいは麻袋をかけて一定時間発酵（夏は2～3日、冬は4～5日）させたものです。表面に黄色の菌糸が伸びだした頃に取りだして乾燥させ、3cm四方に切ったもので、エビオス錠のような消化酵素として用いられるといいます。

発酵を利用した漢方薬を無理に探すと、体内発酵を利用したものまででてきます。これは植物性の漢方薬に対応するもので、植物の薬洋成分のなかには分子の一部にグルコースなどの糖が結合しているものがあります。このような分子は一般に**配糖体**といわれ、薬として見た場合には糖の部分は不要です。

漢方薬では、この糖を外す操作を体内発酵で行うというのです。飲んでしまったら否応なく腸に行き、腸内発酵によって分解されることになるのですから、あえて取り上げることもないように思えます。

薬用酒

あえて発酵品の利用例を挙げれば、**薬用酒**でしょう。漢方薬では多くの原料をお湯（水）で煎じる、つまりお湯で抽出して飲みますが、その抽出溶媒としてお湯でなくお酒を用いた、つまり先に見たリキュールが薬用酒ということになります。漢方薬を利用したリキュールはたくさんの種類があります。民間で作られ、利用されるものまで含めたら、植物やキノコの種類をあわせたほどの種類になるかもしれません（図7）。

植物成分を抽出する力は水よりアルコールのほうが断然強いです。お湯で煎じた煎じ薬よりはお酒に漬けたリキュールのほうが成分濃度は濃いに決まっています。しかし、薬の場合、抽出力が強ければ良いというわけにもいきません。抽出力が強ければ余分な成分、時には毒性成分までもが抽出される可能性があります。もちろん、そのあたりはチャンと確認していることでしょう。

図7　朝鮮人参を漬けたリキュール

8-8

発酵と化粧品

日本酒造りの杜氏は季節雇用の職人であり、彼らは夏場、自身の土地で農業を営み、秋になると蔵元に行って日本酒を作ります。農業で日焼けし、シワを刻んだ杜氏の手が、年が明ける頃には次第に肌の透明感を取り戻してゆきます。麹やもろみなどの発酵品がその原因なのだそうです。

発酵エキス

ということで、**発酵エキス**には多角的な美肌効果があるものと思われます。それは

・酵素のチカラで肌がやわらかくなり、角質ケア効果が期待できる

・肌に浸透しやすく、美容効果が発揮されやすい

・豊富な美容成分を含み、広く美肌効果が得られる、などです。

ということで、最近は発酵を正面にだした化粧品が顔を揃えています。そのうちの1つの宣伝文にはこう書かれています。

> 肌表面に存在する常在菌バランス「マイクロバイオーム」に注目しました。若い肌と老化した肌の常在菌バランスを研究した結果、加齢や環境ストレスによって、若い肌に多いキューティバクテリウム属が減少することが明らかになりました。そこで常在菌の栄養となる3種のプレバイオティクスと、乳酸菌由来の成分ラクトバチルス・カゼイ、ラクトバチルス・アシドフィルスを配合しました。これによって理想の常在菌バランスへと導くことを目的としています。日本独自処方のみずみずしい浸透感も心地良いです。
>
> 方法としてはビフィズス菌エキスを超音波によって粉砕し、イースト菌エキスを酵素によって加水分解して、熱を加えずに粒子を極小化します。これを濾過したのち、糖類を大きさ別に分類することで、速やかな浸透感や肌への働きの向上が期待できます。

自然由来の成分が大部分で、化学合成品の添加物が少ないのもメリットの1つと

されていることが多いようです。天然ナチュラルな換え商品としてこれからも増えていくのかもしれません。

アレルギー

食品に経口アレルギーがあるように、洗剤にも皮膚を通した**経皮アレルギー**が起こることがあります。

一時話題になったのが小麦を原料にした石鹸、「茶のしずく石鹸」の使用者が発症した小麦アレルギーです。患者はこの石鹸を使用する前は食物アレルギーの既往がなかったのに、使用後に小麦に対する食物アレルギーを発症したといいます。当該石鹸に含有された加水分解コムギ（グルパール19S）に経皮的に感作（かんさ）し、小麦を含む食品を摂取した際に食物アレルギーの症状が誘発されるようになったものです。

またカルミン（赤色の色素成分）を配合した口紅などの化粧品で食物アレルギーを発症した症例もあります。カルミンとは、コチニールカイガラムシから抽出される色素成分を加工したもので、類似の加工品（コチニール色素など）が食品にも使用されています。

カルミン含有化粧品で感作した患者が、コチニール色素の配合された飲料や食品を摂取し、アナフィラキシーなどを起こすことがあります。カルミン以外では、トウモロコシ、大豆、オートムギ（＝カラスムギ）由来の成分を含有した化粧品の使用者に、化粧品成分に関連した食物アレルギーの発症事例が報告されています。

というように、天然物＝安全とはいかないところがアレルギーの難しいところです。ソバ、小麦、卵、牛乳、牛肉など、アレルギーの原因には天然物が顔を並べます。

MEMO

第9章

発酵と産業

微生物が食品産業に欠かせないものであることは言うまでもないことです。そのほかに藍染めや紅花染めの染色、漆塗りの塗料、伝統和紙の製紙、麻織、芭蕉布などの繊維などでも重要な役割を果たしています。それどころか、無機物の陶磁器、さらには伝統建築と思いがけない多くの産業を支えています。

9-1

染色と発酵

発酵が利用されるのは食品や医薬品だけではありません。多様な面で利用されています。特に最近人気の自然回帰に関係する分野で多用されています。染色もその1つです。染色の条件は洗濯しても落ちないことです。そのためには染料が布の繊維に結合するか、不溶性となって繊維の間に挟まるかしなければなりません。しかし、水に不溶では染色できません。したがって染めるときには水溶性で、染め終わったあとには不溶性になるという、難しい性質が求められます。

藍染

藍はジャパンブルーとも呼ばれ、日本を代表する染料ですがブルージーンズの染料であるインジゴと同じものです。藍の染め方は**建て染め**といわれ、発酵を使った複雑な工程を経なければなりません。

インジゴは植物の藍から採りますが、藍の樹液に含まれているのは青いインジゴではありません。無色のインジカンという物質です。これを適当な条件下で発酵させるとインドキシルというやはり無色の物質になります。そしてこのインドキシルが空気中の酸素に触れると酸化されてインジゴになって青くなるのです(図1)。

しかし残念ながらインジゴは水に不溶であり、染料としては使えません。染料にするためには水溶性にしなければなりません。そのためにインジゴを発酵によって還元し、ロイコ型インジゴにします。ところが、ロイコ型インジゴは無色なのです。しかし大丈夫です。ロイコ型インジゴ、染め壺からだすと空気中の酸素で酸化されて青いインジゴに戻ります。このようにして**藍染め**が完成するのです。

その他の天然染料

藍と並んで日本を代表する**染料**といったら紅花です。紅花から採れる赤い色素は平安の昔から赤い染料、あるいは口紅として貴族階級に愛用されてきました。しかし紅花とはいうものの、紅花の花は赤くありません。黄色です。これは紅花の花が赤い色素と黄色い色素の両方をもち、赤いほうは1%ほどしかないからです。しかし黄色い色素は水に溶けやすいです。そのため、摘み取った花を水にさらして黄色い色素を流し去ります。そのあと、濡れた花を筵に並べて発酵します。この操作によって赤の発色がさらに鮮やかになります。

次いで、発酵によって粘り気のでた花を臼でつき、適当な大きさに丸めて平たくし、天日で乾燥します。これがベニバナ餅であり、染料として用いられたのです。

泥染めは年配の方に喜ばれる渋い色合いの染物です。この染料はシャリンバイという低木です。まず、チップ状にしたシャリンバイを煮出して1週間発酵させた液で絹糸を茶褐色に染めます。そのあと、染めた布を泥田の中へ沈めます。するとシャリンバイに含まれるタンニン酸と、泥の中に含まれる鉄分が化合し、茶褐色の状態から深みのある黒色へと変化するのです。

図1　藍染の原理

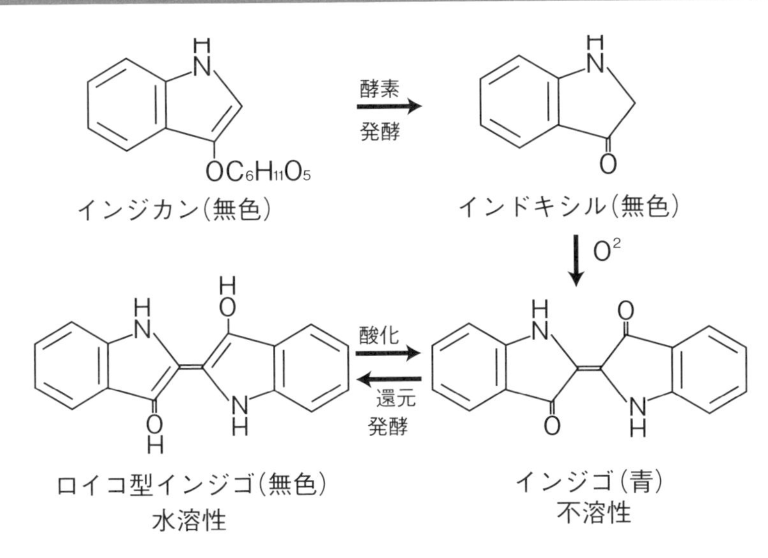

ドレスデン工科大学のインジゴ染料標本

出典：Wikipedia

9-2

塗料と発酵

英語の「チャイナ」という言葉には「中国」という意味のほかに「磁器」の意味もあります。同様に「ジャパン」は「日本」という国家を指すとともに「漆器」をも指します。漆器、漆芸は木工品などに漆という天然塗料を塗った工芸品ですが、日本を代表する工芸と認められているのです。ここでも発酵が使われています。

漆

漆はウルシという樹木の幹から採る樹液です。幹に切り傷をつけて浸みだす粘稠な液体を集めたものを生漆といいます。採取した漆を放置して置くと発酵が起こり、ウルシオール、水分、ゴム質、含窒素物などに分かれますが、漆という塗料になるのはウルシオールの部分です（図2）。

漆を木工品の表面に塗って放置すると、固化して美しい光沢をもった漆塗りとなりますが、これは漆に含まれる水分や揮発性有機物が揮発したためではありません。漆塗りの塗膜は天然高分子といわれるものの一種であり、成分的にはフェノール樹脂という高分子（プラスチック類）の一種なのです。

高分子は2つに大きく分けることができます。1つは、ポリエチレンなどの普通の樹脂でこれは一般に熱可塑性樹脂といわれ、暖めるとやわらかくなります。漆などのフェノール樹脂は熱硬化性樹脂といい、暖めてもやわらかくならない特殊な高分子です。

この漆に朱、黒などの顔料を混ぜ、金銀粉、金銀箔、夜光貝などと組み合わせて華麗な装飾を作りだすのが漆芸であり、それは家具調度や茶道具として日本独自の華麗で有限な装飾芸術として大成したのです。漆は光沢があって美しいだけでなく堅牢です。そのため、昔は鉄砲や大砲、鉄鍋などの錆び止めとしても広く用いられました。

柿渋

植物を使った塗料に**柿渋**があります（図3）。これは染料としても使われ、柿渋染といわれる渋いベージュ色になり、和服にあいます。

柿渋の原料はタンニンの多い渋柿の果実です。まだ青い未熟果を収穫し、砕いて樽の中に貯蔵して2昼夜ほど発酵させます。これを圧搾したものが「生渋」です。生渋を静置して上澄みを採取したものが染めに使う「渋」です。しかし実際に染めに使うには、このあとさらに数年間保存して熟成させなければならないのだそうです。

柿渋には防腐作用があるため、魚網や釣り糸、傘、あるいは木工品や木材建築の塗料として古くから用いられてきました。現在でも伊勢型紙などの染色の型紙、あるいは団扇などの紙は和紙に柿渋を塗った渋紙を用います。また漆塗りの下地塗りとしても用いられます。

図2　漆を使った工芸品の例

図3　柿渋

青柿と柿渋

9-3

紙と発酵

紙は生活になくてはならないものですが、紙は植物の繊維、セルロースを使って作ります。原料の植物を最も色濃く残した紙は古代エジプトのパピルス紙でしょう。これは植物であるパピルスの茎そのものを圧縮乾燥して薄く圧着したものです。

和紙

現在一般的に用いられる洋紙は酸性であり、10年も経つと黄ばんで硬くなり、20〜30年も経つと折れて崩れてしまいます。そのため、現在の貴重本は特殊な中性紙にコピーして保存を計ったりしています。それに対して日本古来の**和紙**は長期間の保存に耐え、虫に食われないかぎり1000年近い保存に耐えます。

一般的な和紙は楮(こうぞ)、三俣(みつまた)などの樹皮の内側（靭皮）の繊維を取りだし、それをトロロ葵の粘っこい樹液で固めたものです（図4）。この場合、楮や三俣から、いかに細く長い繊維を取りだすことができるかどうかが、良質の和紙を作るカギになるといいます。そのためには樹皮を数カ月間水に漬け、発酵によって繊維を取りだします。この繊維を水に溶かして布で作った網で掬って紙にするのです。

特殊な紙に竹から作った竹紙というものがあります。これは竹を砕いて繊維を取りだし、それを梳(す)いて紙にしたものです。大変なのは硬い竹の茎から細い繊維を取りだす過程です。そのために用いるのが発酵なのです。竹を節ごとに切って2〜3カ月間、水に漬けておきます。すると繊維の間のセルロースが発酵によって分解され、1本ずつの細い繊維になるといいます。

箔紙

金は展性、延性に優れた金属です。1gの金を針金として延ばすと3km！近くになるといいますし、叩いて金箔にすると厚さ1μm（1mmの千分の1）になって透明になります。透かして外界を見ると外界が青緑になって見えます。

金箔を作るには紙の間に金の小さい粒を挟み、紙の上からハンマーで叩いて延ばし広げます。問題はこの紙で、普通のコピー紙などを用いると、金は叩かれて薄く広がりますがボロボロにちぎれ、工芸に使う10cm角の紙状の金箔にはなりません。

美しい金箔を作るためには特別の紙、**箔紙**を用いなければなりません。この箔紙の作り方は父親からの一子相伝で、樽の水に柿渋、卵白、灰汁（灰を溶いた水）の上澄みなど、秘伝の原料を入れて数カ月発酵させた水に和紙を漬け、さらに数カ月発酵させたものなのだそうです。

この紙を用いると百枚を超す紙を同時に叩くことができ、しかもその紙は何回も繰り返し使うことができます。そして最後に箔紙として使えなくなったものが舞妓さんの化粧落し紙である油取り紙になります。

図4　日本古来の和紙と金箔

楮や三椏、雁皮などの
樹皮の内側の繊維を材料に
作る和紙の１つ、美濃和紙

金箔
（出典：Wikipedia）

9-4 繊維と発酵

布を作る際にも発酵が用いられます。いくつかの例を見てみましょう。

麻布

麻は太古の昔から使われてきた繊維です。繊維を採る麻には三種類あります。リネンという繊維を採る亜麻(あま)、ラミーという繊維を採る苧麻(ちょま)、それとヘンプという繊維を採る大麻(たいま)です。

「麻」という言葉は、日本では古くから大麻のことを指しています。

麻は植物の茎のじん皮部から採取される植物繊維で、主成分はセルロースです。麻の茎から繊維を採るには茎内の表皮と柔軟組織が不要なのでこれらを取り除かなければなりません。そのために利用するのが発酵です。茎を水や雨水に漬けたあと、バクテリアなどで発酵させることで、表皮や木片部を分解して繊維を取りだすのです。

しかしこの操作で採取できる繊維は非常に少なく、亜麻からはリネンが14～16%採取できますが、苧麻からはラミーが4～6%程度しか採取できないといいます。

アツシ

同じように発酵によって繊維を取りだすものに、アイヌの伝統的な着物、**アツシ**に使う繊維があります（図5）。アツシは耐久性に優れ、織目も細かい布として、東北地方や北陸地方など日本各地で反物や衣装として用いられました。

アツシの繊維はオヒョウという樹木の樹皮から採ります。オヒョウは高さ約20～25メートルになるニレ科の落葉高木です。この木の樹皮をはぎとり、温泉に漬けたり、真夏の温度の高い時期の沼に漬け込んだりして発酵させ、ぬめりを溶かしだします。完全にぬめりを取るのではなく、少し残すと良い生地ができるといいます。このようにして精製した内皮を2～3mmの幅に裂き、乾燥させてから縒(よ)って糸にするのです。

芭蕉布

芭蕉布（ばしょうふ）はとんぼの羽のように透けるほど薄くて軽く、張りがあって、さらりとした肌触りが特徴です。風を通す心地よい生地は、高温多湿の沖縄で暮らす人々にとってなくてはならないものでした。

芭蕉布は糸芭蕉という植物の茎の繊維を用います。茎を長く割ったあと、折り畳んで灰汁で煮ます。やわらかくなった茎をさらに細く割り、しごくようにしてやわらかい肉質部をこそげ落とし、繊維部分だけにします。これをさらに細かく裂いて、できた糸を繋いで長い糸にし、織にかけて反物にします。

汚れや織り滲みをきれいに洗い落としたあと、反物を灰汁で煮、よく水で洗って乾かします。その後、灰汁でアルカリ性に傾いた反物を中和させるために「ゆなじ」に2時間ほど漬けます。

「ゆなじ」は米粥と米粉に水を加えて発酵させたもので、酸性の白濁した液体で、独特の酸っぱい匂いがします。使用する1週間前には作っておく必要があり、発酵を促すために1日に2回撹拌します。ゆなじからだした反物は、水で洗ったあと、乾燥させて完成となります。

図5　アツシ

アイヌの伝統的な着物、アツシ

9-5 陶磁器と発酵

抹茶椀などに使う厚手の茶碗を陶器、薄手の洋皿やティーカップを磁器といいます。両方とも適当な粘土をこねて成形し、窯で高温で焼いて作ります。ここにも発酵が活かされているといったら驚かれるのではないでしょうか？

粘土

粘土は複雑な組成をもった無機物です。主成分は二酸化ケイ素SiO_2ですが、そのほかに鉄や銅やアルミニウムなど各種の金属元素を含んでいます。しかし、実は粘土に含まれているものは無機物だけではなく有機物も含まれているのです。

秋に枯葉を集めて積んでおくと、翌年の春には腐って黒色の塊になっています。これを腐葉土といいます。腐葉土には植物の養分が豊富に詰まっているので、普通の土に混ぜて使うと植物がよく育ちます。つまり、土には有機物も含まれるのです。当然、微生物も棲んでいます。陶器として有名な備前焼は田んぼの底の粘土を好んで用います。有機物や微生物も多いものと思われます。

陶芸に使う粘土は、このような粘土を、産地を変えて何種類も集め、使用者が適当に混合して自分の好きな、使いやすい粘土にしたものなのです。このように、混合した粘土は、そのまま成形して焼いたのでは良い焼き物、陶磁器はできません。焼いている途中で割れたり、ひびが入ったり、あるいは大幅に収縮してしまいます。焼く前にも成形しづらいだけでなく、成形している途中にひび割れることもありますし、ろくろでうまく伸びないこともあります（図6）。

そのようなことのないように、混合した粘土はしばらく、数週間から数年間寝かせます。すると粘土の性質が変化し、弾力と粘りがでて滑らかで成形しやすくなります。また、このような土で作った製品は焼いても収縮率が小さくなります。

微生物

これは土が寝ている間に微生物による発酵が起きたからなのです。発酵によって微生物が分泌した有機物が粘土の粒子の間を埋め、それによって粘土の粒子が細かく滑らかになってきます。その結果、水分が浸透しやすくなって粘土はよりやわらかく可塑性が増します。

もちろん、粘土の塊の表面と内部では含まれる酸素量が違います。粘土を育てるには、空気の好きな好気性菌と空気を嫌う嫌気性菌の両方の働きが必要です。そのため、寝せておいた土は時折、練り直してやることが必要です。

このように、焼き物の粘土も発酵するのです。もちろん、成形して焼いてしまえば、すべての微生物、酵素は消滅してしまいます。

図6　陶芸

良い土は、ろくろで伸ばすときによく伸びる

日本古来の備前焼の器

9-6
建築と発酵

発酵は日本の伝統建築にも生かされています。壁や床は発酵の産物なのです。

三和土

伝統的な日本家屋に入ると、玄関の床は**三和土**(たたき)という黒い土で覆われています。三和土は、「敲き土」(たたきつち)の略で、赤土、消石灰とにがりを混ぜて練り、塗って敲き(たた)固めたもので3種類の材料を混ぜ合わせることから三和土といいます(図7)。

このうち土は赤土と藁(わら)を刻んだものを水と練り合わせて約1年ほど発酵させます。その間に藁は発酵して溶けたようになります。そうしたらまた藁を足して放置します。このようなことを繰り返すうちに、藁に含まれるリグニンという高分子成分が互いに絡まり、その三次元網目構造の中に土の粒子を取り込み、強固な壁となります。このような土を塗ると独特の黒ずんだ色に仕上がります。

壁

壁は土を塗った**土壁**です。土壁の内部は荒い土で固められ、表面は飾った土や漆喰(しっくい)で固めます。このような壁は桐たんすと同じように梅雨時は湿気を吸い、冬は湿気を吐きだして、室内の湿気を一定に保ってくれます。日本の気候風土にあっているといえます。また、匂いをも吸い取ってくれます。

このような土壁も発酵を利用しています。土壁の原料は三和土の土同様に赤土と水と、適当な長さに切りそろえた藁を混ぜたものです。しかし、本格的な土壁の場合には、これらを混ぜてすぐ塗るわけではありません。1、2カ月は工事現場で寝かしておきます。

漆喰

漆喰は荒壁の上に化粧壁として塗るものです。またお城の屋根瓦の間に塗って防火の役目をします(姫路城が有名、図8)。土蔵の白壁の下部のほうにナマコ壁というものが貼ってありますが、あれは壁に四角な瓦を貼り、その隙間を白い漆喰で埋めたものです。漆喰の形がナマコの形に似ているのでナマコ壁といいます。

漆喰は消石灰（水酸化カルシウム、$Ca(OH)_2$）を主成分とした壁であり、塗ったあと、長い時間をかけて空気中の二酸化炭素と反応して炭酸カルシウム$CaCO_3$に変化してゆきます。$CaCO_3$は貝殻が$CaCO_3$であることからもわかるように大変に硬く、防火性にも富んだ素材です。この中にも藁が入って発酵しています。

図7　古民家の三和土と土壁

三和土

土壁

図8　姫路城で使われる漆喰

姫路城

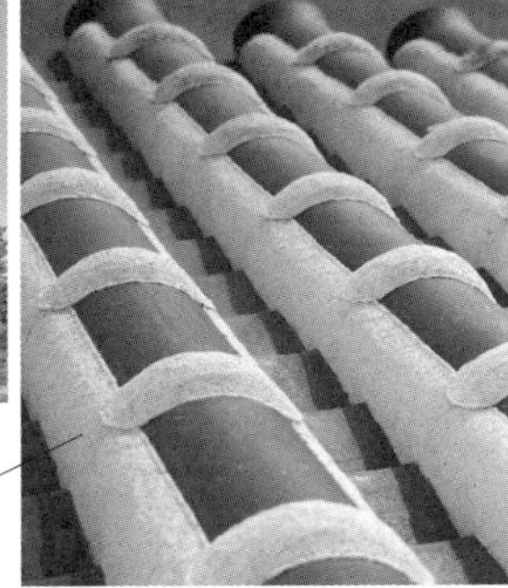

この白いのが漆喰

MEMO

第10章

発酵と現代科学

発酵は伝統産業だけでなく、最先端の現代科学でも重要な役割を演じています。発酵によってできるエタノール、メタンガス、水素ガス、石油は枯渇寸前の化石燃料を救ってくれるものです。また発酵によって作る石油タンパクは、食料不足が見え隠れする人類の将来を救ってくれる切り札になりそうです。

10-1

発酵によるエタノール生産

化石燃料が逼迫する中、燃料確保は喫緊の問題です。なかでも再生可能エネルギーは地球温暖化の原因となる二酸化炭素排出量の削減という観点から見ても重要なことです。再生可能エネルギーとして注目されるのは生物を利用したバイオ燃料です。

アルコール発酵

産業革命以前のように、木材を燃料とするのが最もわかりやすい**バイオ燃料**です。しかし、木炭で飛ぶ航空機というのは、現在ではマンガの領域になってしまいます。植物を燃料とするなら気体、液体に換えるのが現実的です。

そのような意図に沿うのが**アルコール発酵**です。言うまでもなくアルコール発酵とは酵母などの微生物の力を借りてグルコースをアルコールに換えることです。理想的にはグルコースを発酵させればよいのですが、グルコースそのものは自然界に多くはありません。

自然界にたくさんあり、アルコール発酵の実績のあるものは穀物などのデンプンです。ということで、現在の燃料用アルコールの製造はトウモロコシの実を利用したアルコール発酵です。簡単にいえばトウモロコシで作ったお酒を蒸留してエタノールを得るということです（図1）。

トウモロコシを原料とするお酒といったら蒸留酒のバーボンウイスキーやグレーンウイスキーが有名です。ですから、トウモロコシを原料としてエタノールを作るというのは、アルコール度数45度ほどのこれらウイスキーをさらに蒸留して度数を100度に近づけるということになります。

発酵エタノールの問題点

発酵エタノールの生産には問題があります。技術的には長年のお酒造りの延長線上の話ですから、何の問題もありません。あるのは倫理的な問題です。

トウモロコシはデンプンの宝庫であり、多くの民族の主食です。しかも低開発国で経済的に恵まれない国の主食です。このように重要なものをエタノールに換えて、燃料として燃やしてしまってよいのか？ という問題です。

1940年代に起こって偉大な成功を収めた「緑の革命」によって世界の食糧問題は一時的に寛解（かんかい）状態にあるといえるでしょう。しかしその後に起こった爆発的な人口増加によって、世界には相変わらず飢えに苦しむ人がたくさんいます。そのような人々を尻目にその主食を燃やしてよいのか？　という問題なのです。

この問題の解決策は、グルコースをデンプン以外のものから入手すればよいのです。デンプン以外のグルコース源といったら誰の目から見てもセルロースでしょう。人間が消化できないため食料とはなりえないセルロースを適当な微生物の発酵力によってグルコースに分解し、それをアルコール発酵すれば問題は解決します。これこそが発酵の力というものでしょう。

図1　アルコール発酵の仕組み

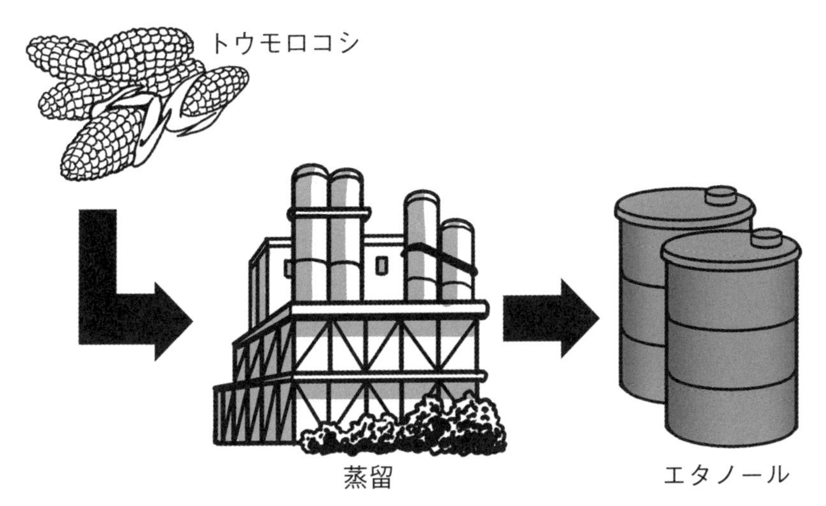

十勝のバイオエタノール工場

10-2 発酵による気体燃料生産

政府は2050年までに完全カーボンニュートラルにすると世界に向かって宣言しました。カーボンニュートラルとは二酸化炭素を排出しない、排出した二酸化炭素は回収するということです。基本的には化石燃料を燃焼しないということになります。素晴らしいことですが、実現のためには解決しなければならない問題がたくさんあります。

また、先進国はカーボンニュートラルに向けて走っても、発展途上国はいまだしばらくの間は化石燃料に頼らざるをえないでしょう。そうしないと世界中に原子力発電所が林立することになり、新たな問題を抱えることになってしまいます。

メタン発酵

微生物はいろいろな食料（エサ、原料）を食べていろいろな産物を排泄してくれます。産物が人間の役に立つ場合にはこれを発酵といい、役に立たない場合には腐敗といいます。非常に役に立つ発酵の1つに**メタン発酵**があります。

これは微生物が原料をメタンガスCH_4に換えてくれる発酵です。メタンガスはいうまでもなく天然ガスの主成分であり、都市ガスです。原料は有機物なら何でもOKです。何でもというのは、生ごみから糞尿まで、それこそ何でもよいということです。

現に中国の田舎でポットン便所でマッチを擦って、メタン爆発が起きてお尻に火傷、などというマンガチック（失礼）な事故も起きています。まさしく糞尿のメタン発酵が起きたのです。

メタンを燃やせば二酸化炭素が発生します。しかし発酵によって生じたメタンの原料は生ごみであり、そもそもは植物です。つまりメタンから生じた二酸化炭素はまた植物が吸収して植物になるので、二酸化炭素が増えることにはならないのです。

メタン発酵する微生物はたくさんいます。その微生物は毎日セッセと働いてメタン発酵しています。つまり自然界に存在する生ごみ、生物の排泄物、遺骸、下水のごみなどをメタン発酵してメタンに換えているのです。メタンは地球温暖化係数が26もあります。つまり、温室効果によって地球を暖める働きが二酸化炭素の26倍も大きいということです。

メタン発酵菌を野放しにして、生ごみや糞尿を彼らのエサとして無尽蔵に与えていたのでは、地球温暖化は進行するばかりです。彼らのエサを取り上げ、メタン発酵を人間の力で制御する必要があります。それからいっても、メタン発酵を工業化して、それを燃やして二酸化炭素に変える必要があるということになります。

水素発酵

微生物のなかにはセルロースを発酵して**水素ガス**を生産するものもあります。水素ガスはカーボンニュートラル政策で大きな位置を占める未来のエネルギー源です。それを発酵によって草木から作ってくれるのですから願ってもないようなありがたい微生物です、そんな微生物がどこにいるのかというと、ナント、シロアリの体内なのだそうです（図2）。

培養して実用化すべく研究中といいますが、シロアリ君は地球救済の恩人になるかもしれません。微生物はどこにどんな隠れた能力をもったものが潜んでいるのかわかりません。将来が楽しみです。

図2　シロアリと水素発酵

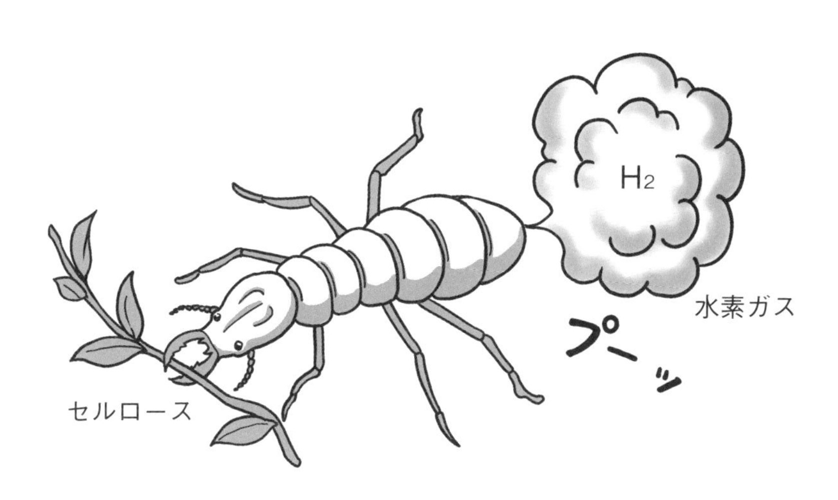

10-3
発酵による石油生産

私たちは子供のころから石油は太古の昔の小生物の遺骸が地圧と地熱によって変化してできたという「生物起源説」を教わり、疑うことなく信じています。しかし世界は違います。ロシアでは石油は地下の化学反応でできるという「無機起源説」が信じられているようですし、21世紀に入ったとたんに米国の著名な天文学者が、惑星ができるときには中心に膨大な量の炭化水素が生成し、石油はそれが上昇するときに地熱で変化してできたものだという「惑星起源説」を打ち立てました。どの説が正しいかは学会でももめています。

石油発酵起源説

そのようなときに、石油は現生の微生物によって作られるという**発酵起源説**が現れました。つまり工場の発酵タンクの中で石油が生化学工業の産物として工業生産されるというのです。発表したのは日本の若い科学者です。

原料は二酸化炭素や有機物です。つまり、工場で石油を作り、それを燃やして操業し、排出された二酸化炭素を工場に戻して、それを原料にまた石油を作る、という、何やら、人類永遠の夢？ である永久機関のような仕組みができそうなのです。もちろんエネルギー源は太陽光の光エネルギーです。

実は、炭化水素を作ることのできる微生物はすでに複数の種類が知られています。しかし、その生産効率の低さが課題でした。ところが、東京湾やベトナムの海などの海水や泥の中などに棲む**オーランチオキトリウム**という単細胞生物が高効率で石油を生産する能力をもつことがわかったのです（図3）。

この生物は、水中の有機物をもとに、化石燃料の重油に相当する炭化水素を作り、細胞内に溜め込む性質があります。しかも、これまで有望だとされていたほかの微生物に比べて、10～12倍もの量の炭化水素を作ることがわかりました。

研究チームの試算では、深さ1mのプールで培養すれば面積1ヘクタール（100×100m、田んぼ10反）あたり年間約1万トンの石油を作りだせるといいます。「国内の耕作放棄地などを利用して生産施設を約2万ヘクタールにすれば、日本の石油輸入量に匹敵する生産量になる」といいます。

この藻類は水中の有機物を吸収して増殖するため、生活排水などを浄化しながら石油生産をすることもできます。また、この石油を火力発電に使用する場合は、精製を行うことなく、培養したものを生物ごとペレットにしたものが使用できるといいます。しかも、大規模なプラントで大量培養すれば、自動車の燃料用に1リットル50円以下で供給できるようになる可能性もあるといいます。

何とも明るいエネルギー事情が発酵のおかげで開けそうです。微生物の力は底が知れないようです。

図3　石油の工業生産

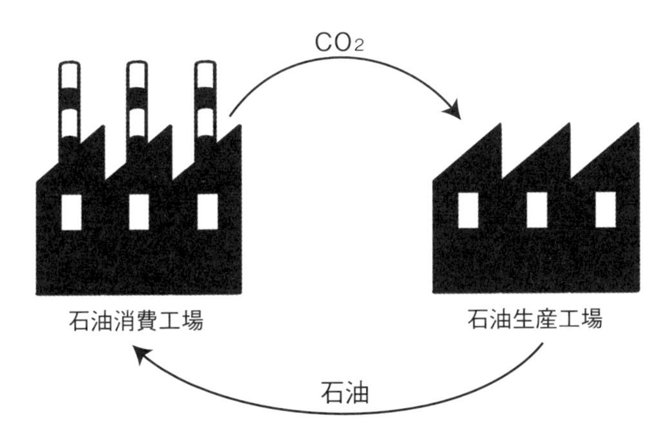

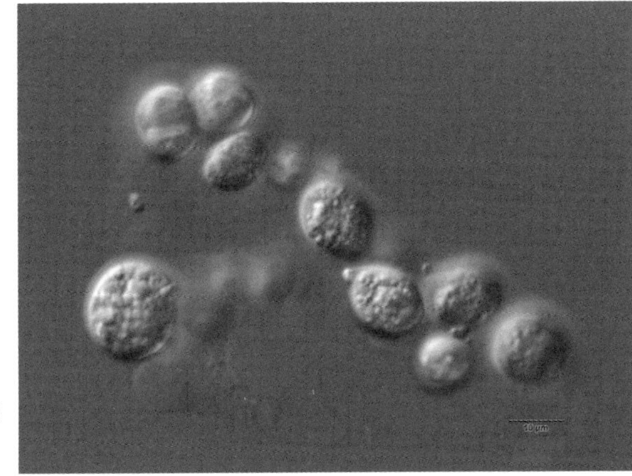

石油を生産する能力をもつ単細胞生物オーランチオキトリウム
出典：Wikipedia

10-4

発酵によるタンパク質生産

同じ生物とはいいながら植物と動物では背負っている宿命が随分と違います。植物は種子が落ちた地に根を生やし、あとは絶えることのない太陽エネルギーと、ありあまる二酸化炭素を利用すれば生きてゆけます。心配するのは水の存在だけです。それに対して動物は植物を探して食べなければ生きてゆけません。なかでも肉食動物は草食動物を殺して食べなければ生きてゆけません。過酷な運命といえるでしょう。

有機物は食料に

人類は長いこと、飢えと闘ってきました。緑の革命と、ある程度安定した政治情勢のおかげで、ここ数十年はあまりの飢えはなかったようです。しかしその安定期のおかげ？ で人口は爆発的に増えています。近々また飢えの心配をしなければならないかもしれません。

生物が食料にすることのできるものは有機物だけです。その有機物を、化石燃料だといって燃やして無機物の二酸化炭素に変えてしまってよいのでしょうか？　有機物を無機的なエネルギー源と考えるのは間違っているのではないでしょうか？ 化石燃料を含めた炭素資源は食料、つまり有機的な生命のためのエネルギー源と考えなければならないのではないでしょうか？　つまり、炭素資源は食料に回さなければならないのです。

発酵タンパク質

半世紀ほど前、石油を微生物によって発酵させ、タンパク質を作ることが提案されました。それが**石油タンパク質**です。

石油を生産する微生物がいる一方、石油を食べる微生物もいます。**石油酵母**といいます。石油酵母は石油の成分の1つである炭化水素を食べて増殖します。そして酵母の重量の90%以上はタンパク質です。つまり石油酵母は石油をタンパク質に変換する能力があるのです。

植物は光合成によって二酸化炭素をデンプンに変えてくれます。しかし、このデンプンをタンパク質に変えるためには魚や動物の力を借りなければなりません。この過程で相当の物質ロスが起きます。そのため、タンパク質が豊富な肉は量として少なくなり、価格も高くなります。このタンパク質をもっと大量に安価に供給する方法はないものか？　このようなコンセプトで行われたのが石油を食べる酵母によって作るタンパク質、すなわち**発酵タンパク**、**酵母タンパク**の開発研究でした（図4）。

石油タンパク質

研究は順調に進み。1960年代には実用化できるまでに発展しました。**石油タンパク**を人間が直接食べなくても、これを家畜や養殖魚のエサにしてそれを人間の食料に回そうという算段までつきました。

ところが、ここで問題が起きました。それは、「石油由来の発がん性物質が残るのではないか」「石油タンパクという名前が石油を連想させる」といった、半ば感情的な反発が起こったのです。このようなことがあり、日本では石油タンパクを食用にはできなくなってしまいました。

しかし、海外では動物飼料や人間用に生産されています。ただ、現在では石油資源そのものが不足しているため、生産量は減少しているようです。近いうち、醸造タンパク質は何らかの形で復活せざるを得ないのではないでしょうか？

図4　石油タンパク質ステーキ

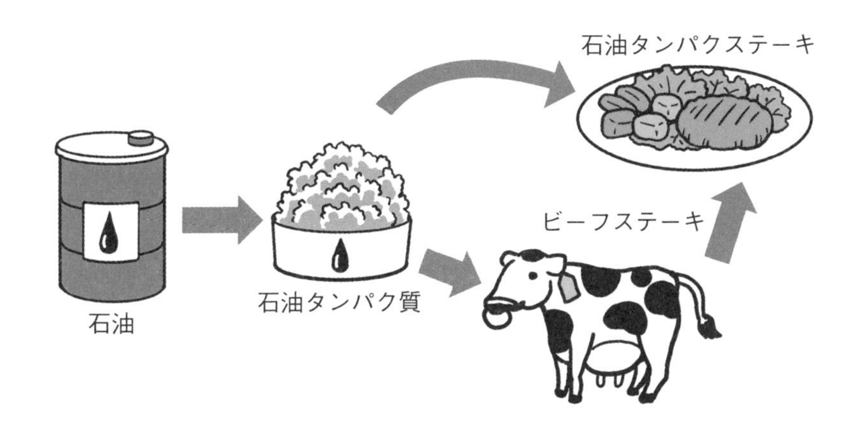

10-5

発酵による熱生産

微生物が発酵を行うときに生産するものはエタノールやメタンやタンパク質だけではありません。発酵が起こった系の温度は上がります。つまり発酵は生産物とともにエネルギーをも生産するのです。これがよくわかるのは堆肥です。堆肥というのは昔なら、田んぼの真ん中に、刈り取った稲の不要部分である藁、雑草、家畜の排泄物などを積み上げたものです。

発熱

農地には秋の借り入れがすむと適当な面積内にかならず高さ数メートルの小山が出現したものでした。この小山は冬の間発酵を行い、春になると養分タップリの堆肥に変わっているのです。これを崩して農地に混ぜると農地は失った養分を摂り戻し、翌年の作物を育てることができたのです。

この小山に手を入れると冬でも暖かいです。つまり発酵中の小山は発熱して暖かいのです。例えば樹皮のバークから有機質肥料を作る際、一次発酵に1年以上、粉砕後の二次発酵に6カ月以上、さらに水分調整という長い工程が必要になります。この間、土の中では微生物発酵が進行し、バークの熱は何と80℃近くまで上がります。さらにこの際、農作物が育つのに重要な二酸化炭素も発生します。

この熱を利用できないものでしょうか？　これは、地産地消の太陽電池のようエネルギー源と考えることもできるでしょう。低温で農作物が育ちにくい冬の間は、温度を上げることができる「ハウス栽培」が重要になります。しかしハウス栽培には暖房費という負荷がかかります。これはときには作物の出荷で得られる収入を脅かすほどになります。そんななかで注目されるのが**発酵熱農法**です。

これは米ぬかや木くずなどという「廃棄物」を利用する農法です。一般的にバークと呼ばれる樹皮は、その多くが牛舎の敷物や土壌改良剤として使用されます。このバークを加工する際に発生する発酵熱や二酸化炭素をうまく利用した農法が、発酵熱農法なのです（図5）。

発酵熱農法

この熱と二酸化炭素を利用しない手はありません。この発酵熱をハウス内に循環させることで、暖房代は大幅に削減されます。また。二酸化炭素をハウス内に戻すことによって、二酸化炭素を原料とする光合成を活性化することが期待されます。つまりハウス内の二酸化炭素濃度が高まることによる収穫量の増加、糖度の向上の効果が期待されるのです。

発酵は農業現場で身近な現象ですが、その利用が十分に検討されていたとは言い切れない面があります。重要なメリットを知らないうちに棄てていたのかもしれません。ここに目を向けただけでも農業経営は大きく改善されるのではないでしょうか。

もっと大きく考えて、この発酵を集中管理すれば大量の熱エネルギーを得ることができます。それを利用して地域の集中冷暖房、さらには発電に利用することも夢ではないはずです。

図5　発酵熱農法のイメージ

10-6

発酵によるプラスチック生産

現代社会はプラスチックの上に成り立っているといってよいでしょう。家の内外、社会の隅々、どこを見てもプラスチックが見えないところはありません。現代人は、どのような意味でもプラスチックに足を向けて寝ることはできないのではないでしょうか？

生分解性高分子

ところが、このプラスチックによる公害が社会問題となっています。廃棄プラスチックが都市の景観を汚すだけでなく、川を流れて海に下り、ウミガメがビニール袋をクラゲと間違えて食べて摂食障害を起こします。さらに砕けて微細になった**マイクロプラスチック**はプランクトンを経て食物連鎖によってやがて人間に至り、人間の体内にプラスチック成分が取り込まれることになるといいます。

このようなことが現実に起ころうとしています。阻止するにはどうしたらよいでしょう？　問題の１つはプラスチックが丈夫すぎることにあります。どのようにしても分解されないのです。もしプラスチックがキャベツや魚肉のデンプンやタンパク質のような天然高分子だったら、環境に放置されたその瞬間から腐敗、発酵が進行し早晩、姿を変えて土壌の一部になっていることでしょう。

環境を汚さないための一方として、環境中で容易に分解される高分子が開発されています。微生物によって分解される高分子を作ろうということで開発されたのが**微生物分解型高分子**といわれるものです。

合成高分子のなかでもポリエチレン類は微生物によって最も分解されにくいものですが、ナイロンのようなポリアミド、あるいはペットのようなポリエステルなどはかなり分解されやすいことが知られています。したがってこのような結合を多くもつ高分子を作れば微生物によって分解されやすくなることが期待されます（図6）。

生分解性高分子中で、現在も最も分解されやすいといわれるのがポリグルコール酸であり、これの生理食塩水中での半減期は2～3週間です。そのため、手術用の縫合糸などにも利用されます。この糸で縫合すると体内で分解吸収されるため、抜糸のための再手術が不要になるのです。

半減期が4～6カ月のポリ乳酸は普通の容器として用いられます。ただし、長期間の保存を要するものに用いられないことはいうまでもないことです。

微生物生産高分子

ある種の細菌は炭素源を食べてヒドロキシブタン酸という物質を生産します。

これは細菌の生産物であると同時に細菌の食糧ともなっています。しかもこの分子は分子内にヒドロキシ基OHとカルボキシル基COOHをもっていますから、この分子だけでエステル結合を作って高分子化することができます。

微生物はこの高分子を食べて分解します。そしてまたヒドロキシブタン酸を排出するのですから、再生産エネルギーならぬ再生産高分子ということもできるでしょう。

図6 生分解性高分子の種類と用途

	生理食塩水中半減期	用途
$(CH_2CO-O)_n$ ポリグリコール酸（PGA）	2～3（週）	縫合糸（手術用）
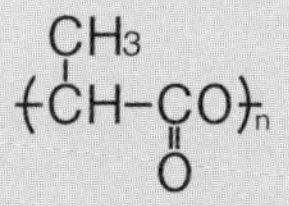 $(CH(CH_3)-C(=O)O)_n$ ポリ乳酸	4～6（月）	容器、衣類
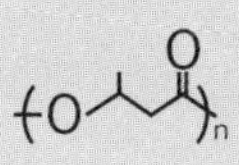 $(O-CH(CH_3)-CH_2-C(=O))_n$ ポリブタン酸		再生可能

10-7

発酵による砂漠の緑化

現在地球上で進行している一番の環境問題は地球の砂漠化です。砂漠は「年間降雨量が250㎜以下」あるいは「降雨量より蒸発量が多い」地域と定義されています。その定義によれば砂漠の面積はトンデモナク広く、地球の全陸地の4分の1は砂漠となります。最も広いサハラ砂漠の面積は日本の25倍もあります。そのうえ砂漠の面積は広がりつつあり、毎年日本の面積の3分の1ずつ広がっているといいます。何とか食い止める手段はないものでしょうか？

発酵の力

さまざまな人、さまざまな機関がこの問題に取り組んでいます。そのなかには成果を上げている取り組みもあれば、途中で力尽きたものもあります。その結果が砂漠の面積は「毎年日本の面積の3分の1ずつ広がっている」という結果に表れているのです（図7）。

そのような取り組みの1つに発酵の力を利用しようという試みがあります。具体的には納豆の力です。納豆の糸はタンパク質を構成するアミノ酸の一種、グルタミン酸がたくさん繋がった**ポリグルタミン酸**でできています。このポリグルタミン酸に放射線（γ線）を照射すると、寒天のようなブヨブヨした寒天状の物体になります。それを凍結乾燥させると白い粉末状の樹脂ができます。

これが**納豆樹脂**と呼ばれる新素材で、以下に挙げる3つの優れた特性をもっています。

- ・吸水性：納豆樹脂1gで3kg以上の水を蓄えることができる
- ・可塑性：外から力や熱を加えると変形し、力を取り去っても元に戻らないという、プラスチックと同じ性質をもつ
- ・生分解性：微生物によって水と炭酸ガスに分解される

砂漠の緑化

納豆の原料は大豆であり重要な食品です。その大豆を高分子の原料にすることは先に見た、食料として重要なトウモロコシを燃料のエタノールに転換するのと同じ

倫理的な問題をはらみそうです。しかし、納豆樹脂は大豆だけでなく、キャッサバを原料にして発酵合成できることが確認されています。キャッサバは荒れ地でも育つ優れたデンプン製造植物として知られています。

この納豆樹脂をヘドロや植物の種子と一緒に地中に埋めたらどうなるでしょう？納豆樹脂はその吸水性でタップリの水を溜めることができます。その水分を利用して植物の種は発芽することでしょう。そのあとはヘドロが蓄えた有機物を肥料として育ちます。そして最後には、納豆樹脂は微生物によって分解され、育った植物の肥料として消えてしまいます。

砂漠の緑化素材として理想的なものではないでしょうか？　実現には多少の時間がかかるでしょうが、温帯乾燥地を想定した実験では80%以上の発芽率が確認できているといいます。砂漠化は世界的な問題ですが、発酵の力を借りれば地球の将来は意外と明るいのかもしれません。

図7　砂漠化の進行状況

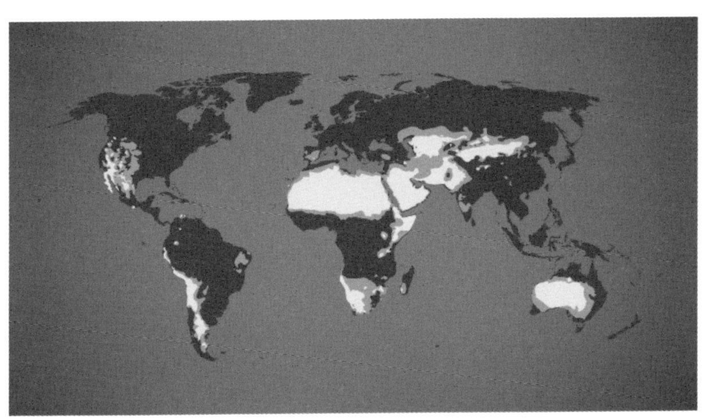

■ 砂漠
■ 砂漠進行中

塩性化による砂漠化が進むアラル海
出典：Wikipedia

MEMO

参考文献

『生命の科学』 中東美明 培風館 （1998 ）
『アレルギーのふしぎ』 永倉俊和 SBクリエイティブ （2010）
『免疫力をアップする科学』 藤田紘一郎 SBクリエイティブ （2011）
『やさしいバイオテクノロジー』 芦田嘉之 SBクリエイティブ （2011）
『微生物の科学』 中島春紫 日刊工業新聞社 （2013）
『新しい免疫入門』 審良静男・黒崎知博 講談社 （2014）
『Q&Aでよくわかる アレルギーのしくみ』 齋藤博久 技術評論社 （2015）
『生命化学』 齋藤勝裕・尾崎昌宣 東京化学同人 （2005）
『絶対わかる生命化学』 齋藤勝裕・下村吉治 講談社 （2007）
『わかる×わかった！ 生命化学』 齋藤勝裕・永津明人 オーム社 （2011）
『人類が手に入れた地球のエネルギー』 齋藤勝裕 C＆R研究所 （2018）
『意外と知らないお酒の科学』 齋藤勝裕 C＆R研究所 （2018）
『「発酵」のことが一冊でまるごとわかる』 齋藤勝裕 ベレ出版 （2019）
『「食品の科学」が一冊でまるごとわかる』 齋藤勝裕 ベレ出版 （2019）
『人類を救う農業の科学』 齋藤勝裕 C＆R研究所 （2020）
『人類を脅かす新型コロナウイルス』 齋藤勝裕 C＆R研究所 （2020）
『これでわが家の感染対策はバッチリ！ 新型コロナウイルス緊急対策マニュアル』 齋藤勝裕 秀和システム （2020）
『図解 身近にあふれる「栄養素」が3時間でわかる本』 齋藤勝裕 明日香出版 （2021）

※その他、多くの資料やサイトを参考にさせていただきました。

索引
INDEX

英数字

ATP……148
DNA……46、158
O157……38
RNA……46
SDGs……19
α-デンプン……72
αヘリックス……90
βシート……90
β-デンプン……72
ω-3脂肪酸……94

あ行

藍染……180
青カビ……22、32、58
赤カビ……58
赤ワイン……110
悪玉菌……134
麻……186
味の素……16、89
アツシ……186
アプサン……122
アマゴ酒……122
アミド化……90
アミノ酸……88、90
アミロース……72
アミロペクチン……72
アメーバ……55
アルコール発酵……29、74、194
アレルギー……177
胃……130
イースト……60
異化……146
医食同源……174
異性体……88
一分子膜……50
遺伝子組み換え……158
遺伝子組み換え法……172
インフルエンザウイルス……23
ウイスキー……118
ウイルス……12
ウェルシュ菌……132
ウオッカ……119
ウスターソース……83
漆……182
エールビール……113
エステル……76
エステル結合……94
エタノール……108
塩蔵……96
エンテロコッカス属……66
大村智……167
オーランチオキトリウム……198

か行

海洋乳酸菌……67

化学反応……27
柿渋……182
核酸……46
確実致死量……42
果実酢……125
かつお節……96
カビ……32、54、56
下面発酵……112
可溶型酵素……152
桿菌……54
生漆……182
黄カビ……59
キノコ……54
貴腐ワイン……111
キムチ……80
逆二分子膜……50
球菌……54
牛乳……142
牛乳アレルギー……142
魚醤……82
金……184
菌株……64
菌糸……56
金箔……184
菌類……54
グルコース……70
グルタミン酸ナトリウム……16、89
グレーンウイスキー……118
黒カビ……58
黒ビール……113
鶏卵培養法……172
ゲノム編集……158
原核細胞……52
嫌気性菌……130
嫌気性経路……150
原生生物……55
光学異性体……88、162
硬化油……95
好気性菌……130
好気性経路……150
高級脂肪酸……94
抗原……170
麹……62
糀……62
麹カビ……62
抗生物質……16、32、166
酵素……60、152
紅茶……84
高度好熱菌……24
高分子……70
酵母……29、54、60
酵母タンパク……201
コーヒー……84
コーヒーリキュール……122
穀物酢……124
枯草菌……54

さ行

ザーサイ……80
細菌……12、54
最小致死量……42
最適温度……154
細胞構造……47
細胞培養法……172

酢酸発酵……30
蠍酒……123
砂漠の緑化……206
サリドマイド……162
サルモネラ菌……39
ザワークラウト……80
磁器……14
自然発酵ビール……113
持続可能な発展目標……19
漆喰……190
ジペプチド……90
脂肪酸……94
ジャンクDNA……158
シャンパン……111
シュールストレミング……98
焼酎……120
小腸……130
上面発酵……112
醤油……82、139
食中毒……34
植物細胞……52
植物性乳酸菌……67
白カビ……32、58
白酒……117
白ワイン……110
真核細胞……52
新型コロナウイルスワクチン……173
真菌類……32
シングルモルト……118
親水性分子……48
酢……124、141
水素ガス……197
水素発酵……197
スコッチウイスキー……118
ストレプトコッカス属……66
清酒酵母……60
整腸剤……164
生分解性高分子……204
石油酵母……200
石油タンパク……201
石油タンパク質……200
繊維製品……15
善玉菌……134
選別……156
染料……180
ゾウリムシ……55
ソーセージ……100
疎水性分子……48
ソテツ……79

た行

代謝……146
耐性菌……167
大腸……131
大腸菌……22、54
たくあん……78
多細胞生物……128
三和土……190
建て染め……180
多糖類……70
タバコ……84
タバスコ……83
単細胞生物……128
炭水化物……70

単糖類……70
タンパク質……24
タンパク質の一次構造……90
タンパク質の三次構造……92
タンパク質の二次構造……90
中級脂肪酸……94
腸管系乳酸菌……67
腸管出血性大腸菌……39
朝鮮人参酒……122
腸内環境……134
腸内細菌叢……129
腸内フローラ……129、132、136
超分子……92
通気性嫌気菌……130
漬物……140
土壁……190
天然酵母……60
デンプン……72
テンペ……80
糖化……112
同化……146
陶器……14
東京葛饅頭……85
冬虫夏草酒……123
豆板醤……82
動物細胞……52
動物接種法……172
豆腐よう……78
トキシン……36
特別名称酒……115
毒蛇酒……122
屠蘇……122
突然変異……156
トラフグ卵巣の糠漬け……99

な行

ナタデココ……84
納豆……78、138
納豆樹脂……206
生ハム……100
生ビール……113
生ワクチン……170
馴れ鮨……98
ナン……81
二次構造……90
二糖類……70
二分子膜……50
日本酒……114
乳酸菌……64
乳酸発酵……30
乳糖不耐症……142
糠漬け……78
粘土……14、188

は行

バーボンウイスキー……118
バイオ医薬品……168
バイオ燃料……194
バイオファイナリー……156
配糖体……174
麦芽……112
白菜漬け……78
箔紙……184
バクテロイデス属……132

索引

芭蕉布 187
パスツール 31
蜂酒 123
ハチミツ酒 116
発酵 12、28、34、146
発酵エキス 176
発酵エタノール 194
発酵起源説 198
発酵クリーム 104
発酵食品 10
発酵タンパク 201
発酵チーズ 104
発酵乳製品 140
発酵ニンニク 174
発酵熱農法 202
発酵バター 104
発酵ハトムギ茶 174
発熱 202
発熱反応 154
馬乳酒 116
バニラ 85
浜納豆 78
半数致死量 41
ビーツ漬け 80
ビール 112
ビール酵母 60
火入れ 65
火落ち 65
火落ち菌 65
微生物 22、46、128、188
微生物分解型高分子 204
ビタミン剤 164
ビフィズス菌 67、132
ビフィドバクテリウム属 67、132
日干し 96
日和見菌 134
ヒレ酒 122
品種改良 156
フォーティファイドワイン 111
不活化ワクチン 171
不斉炭素 88
腐造 65
普通種 114
プト 81
ブドウ糖 70
腐敗 12、28、32、34
不飽和脂肪酸 94
不飽和脂肪酸化 94
ブランデー 118
フレミング 166
ブレンデッド 118
フローリスト 122
分子膜 48
分生子 62
分泌型酵素 152
平衡混合物 71
平面構造 90
ペディオコッカス属 66
ヘテロ乳酸菌 64
ペプチド 90
ペプチド化反応 90
ヘモグロビン 92
偏性嫌気菌 130
ボウザ 116

胞子……56
飽和脂肪酸……94
ボツリヌス菌……38
ホモ乳酸菌……64
ポリグルタミン酸……206
ポリペプチド……90

ま行

マイクロプラスチック……204
マオタイチュウ……120
膜酵素……152
味噌……82、138
緑カビ……59
ミドリムシ……55
みりん……116
メタノール……109
メタンガス……18
メタン発酵……30、196
免疫……136
免疫機構……170
メンマ……80
モルトウイスキー……118

や行

薬用酒……175
有毒物質……36
ユーバクテリウム属……132
油脂……94
ヨーグルト……102

ら行

ラガービール……113
ラクトコッカス属……66
ラクトバシラス属……66
ラセミ混合体……162
ラセミ分割……162
ラセン菌……54
ランダムコイル……92
リキュール……122
リステリア属……38
立体異性体……71
立体構造……90
両親媒性分子……48
緑茶……84
ロゼワイン……110

わ行

ワイン……110
ワクチン……170
和紙……184

索引

著者紹介

齋藤 勝裕（さいとう　かつひろ）

1945年生まれ。1974年、東北大学大学院理学研究科博士課程修了。現在は名古屋工業大学名誉教授。理学博士。専門分野は有機化学、物理化学、光化学、超分子化学。『図解入門 よくわかる 最新高分子化学の基本と仕組み』『美しく恐ろしい毒物の世界！ ビジュアル「毒」図鑑 200種』（弊社）をはじめ、『「発酵」のことが一冊でまるごとわかる』（ベレ出版）、『料理の科学』（サイエンス・アイ新書）など、著書・共著・監修本は200冊以上。

●イラスト：箭内祐士
●編集協力：庄野正弘

図解入門 よくわかる
最新発酵の基本と仕組み

発行日　2021年 6月10日　　第1版第1刷

著　者　齋藤　勝裕

発行者　斉藤　和邦
発行所　株式会社　秀和システム
〒135-0016
東京都江東区東陽2-4-2　新宮ビル2F
Tel 03-6264-3105（販売）Fax 03-6264-3094
印刷所　三松堂印刷株式会社　Printed in Japan

ISBN978-4-7980-6456-7 C0040